세계를 뒤집어버린

전염병과
바이러스

세계를 뒤집어버린

전염병과
바이러스

초판 1쇄 인쇄 2020년 11월 30일
초판 1쇄 발행 2020년 12월 7일

글 이와타 겐타로 **그림** 이시카와 마사유키 **옮김** 김소영

펴낸이 이상순 **주간** 서인찬 **편집장** 박윤주 **제작이사** 이상광
기획편집 박월 **디자인** 유영준 **마케팅홍보** 신희용 **경영지원** 고은정

펴낸곳 (주)도서출판 아름다운사람들
주소 (10881) 경기도 파주시 회동길 103
대표전화 (031) 8074-0082 **팩스** (031) 955-1083
이메일 books777@naver.com **홈페이지** www.books114.net

리듬문고는 (주)도서출판 아름다운사람들의 청소년 브랜드입니다.

ISBN 978-89-6513-622-4 43400

Moyashimon To Kansenshouya No Kininaru Kin Jiten
Copyright © Kentaro Iwata, Masayuki Ishikawa
First published in Japan in 2017 by Asahi Shimbun Publications Inc.
Korean translation rights arranged with Asahi Shimbun Publications Inc.
through Shinwon Agency Co.
Korean edition copyright © 2020 BeautifulPeople Publishing

이 도서의 국립중앙도서관 출판예정도서목록(CIP)은 서지정보유통지원시스템(http://seoji.nl.go.kr)과
국가자료종합목록구축시스템(http://kolis-net.nl.go.kr)에서 이용하실 수 있습니다. (CIP제어번호 : CIP2020042700)

파본은 구입하신 서점에서 교환해 드립니다.

세계를 뒤집어버린

전염병과

감염병 전문가가 개념, 용어, 이론을 쉽게 정리한 세균 + 바이러스 사전

바이러스

이와타 겐타로 글 | 이시카와 마사유키 그림 | 김소영 옮김

리듬문고

머리말

어릴 적 장래 희망은 만화가였습니다. 초등학교 2학년 때쯤, 후지코 후지오의 만화 《도라에몽》을 좋아해서 그와 비슷한 캐릭터를 종이에 그린 다음 스테이플러로 찍어서 나만의 책을 만들곤 했지요.

'꿈'이란 현실로 이루어지기 어렵기 때문에 그렇게 부른다는 사실을 알기까지는 그리 오래 걸리지 않았습니다. 열심히 살다 보니 만화가가 되고 싶다는 꿈은 점점 어릴 적 기억으로 사라졌고, 매일 열심히 인생의 길 위를 현재의 내가 걷고 있습니다.

이 책은 제가 진료하면서 현장에서 만났거나 연구 주제로 삼았던 미생물, 그 중에 세균과 바이러스를 해설한 책입니다.

의대생들 사이에서 가장 인기 없는 학문이 미생물학입니다. 수많은 미생물을 통째로 달달 외워 봤자 시험 다음 날이면 신기루처럼 사라져버리곤 하는 재미없는 과목이란 인식 때문이기도 하지요.

그러나 암기 실력이 형편없는 제가 감염증 박사가 되었다는 사실에서도 알 수 있듯이, 미생물학은 결코 외운다고 다 이해되는 학문이 아닙니다. 미생물학에는 역사가 있고 이야기가 있어요. 각종 미생물들은 인류와 치열한 싸움을 벌이면서 크게 발전했다가 사라지기도 했지요. 미생물학은 우리가 알면 알수록 두근두근 설레는 학문입니다.

최근엔 '마니아'라는 말이 '어떤 한 분야에 대해서 잘 알고 있다'는 좋은 이미지를 가지고 있습니다. 미생물한테는 그런 마니아의 성향을 가진 사람들이 좋아할 만한 재미난 이야기들이 가득합니다.

이 책의 그림을 그려주신 이시카와 마사유키 만화가님을 소개하고 싶은데요, 정말 대단한 작가님이십니다. 만화가가 되고 싶다는 어릴 적 꿈은 접었지만,《모야시몬》의 주인공들이 저의 책에 등장해주어서 한때 만화책을 출간하고 싶었던 꿈을 이룬 것 같아 정말 감사한 마음입니다.*

이 책은 뭐니 뭐니 해도 내용을 쉽게 이해하는 데 도움을 주는 훌륭한 만화가 장점이에요. 그래서 이 책을 만들기 위해 담당 편집자와 의견을 나눌 때도 의학 잡지에서 연재했던 것 그대로 만화를 꼭 넣고 싶다고 강력하게 의견을 냈습니다. 솔직히 본문의 내용보다 만화에 더 관심 있는 독자들도 있을 텐데, 어린 친구들은 만화만 봐도 좋다고 생각해요.

세균 이야기를 연재했던 〈메디컬 아사히〉라는 의학 잡지가 갑자기 없어지면서 그곳에 매주 연재했던 글을 더는 독자들에게 보일 수 없어서 아쉬웠어요. 마음 한켠에 잡지 연재가 끝나면서 이 작품도 끝나는가보다 싶었는데, 이렇게 책으로 만들어지게 되었네요. 그리고 보면 인생에서 '창조'와 '소멸'은 매우 의미 있는 관계인 것 같습니다. 세균과 바이러스 같은 미생물의 세계도 그렇거든요.

이 책을 출판하게 해주신 출판사 관계자분들, 그리고 지상과 수중에 있는 모든 미생물들에게 감사의 인사를 드립니다.

이와타 겐타로

*   《모야시몬》은 일본의 유명 만화가 이시카와 마사유키의 작품으로, 세균(곰팡이)을 맨눈으로 볼 수 있는 주인공 사와키가 농업대학교에서 겪는 다양한 이야기들을 그리고 있습니다. 만화책 내용을 바탕으로 애니메이션과 드라마가 제작되어 많은 사람들에게 사랑받은 작품입니다.

차 례

제 3 실험실

제 4 실험실

생물 분류 체계

생물 분류 또는 생물학 과학 분류는 생물의 종을 종류별로 묶고, 생물학적 형태에 따라 유기체들을 계통화하는 방법을 말한다. 생물 분류는 분류학이나 계통분류학에서 다룬다.

계 > 문 > 강 > 목 > 과 > 속 > 종

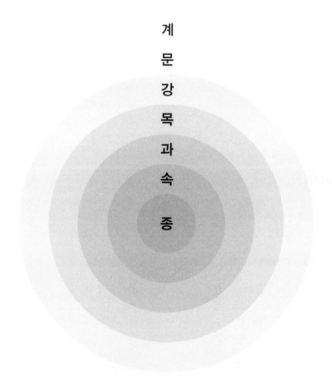

여러분, 만나서 정말 반가워요~

안녕하세요?
이 책을 읽기 전에 먼저
저희 소개를 할게요.

누룩곰팡이
(A.오리제)

S. 세레비시아

푸른곰팡이
(크리소게눔)

우리는 만화 《모야시몬》에
나오는 미생물이랍니다.

《모야시몬》은 곰팡이와
여러 균들을 눈으로 볼 수 있는
주인공 소년과 그 친구들이
농업대학교에서 겪는 다양한
이야기들을 담은 만화예요.

된장

요구르트

단무지

낫토

식초

빵

표고버섯

술

등등등...

그 만화에 나오는
균들은 주로 발효식품과
관련된 '좋은 균'이랍니다.

여러분이 지금 읽고 있는
이 책에는 사람들에게
나쁜 영향을 끼치는 '세균'들을
골라봤어요.

감염증 전문가
이와타 겐타로 박사님이
따끔하게 혼쭐을
내줄 거예요.

이 책은 의학잡지 〈메디컬 아사히〉에 연재했던 내용을 모두 담았어요.

Medical 1

손을 씻자!
이를 닦자!

특집 | 된장국을 먹자!

그래서 여기 나오는 의학용어가 조금은 어려울 수 있어요.

걱정 말아요.

우리도 모르니까요!

어려운 건 의사 선생님만 알아도 되니까 '감염증 전문가는 참 힘들겠구나' 하면서 이해한 척하며 그냥 넘어가면 돼요.

그럼 지금부터 《세계를 뒤집어버린 전염병과 바이러스》 시작할게요!

신나게 출발!

여러분! 정말 재밌을 것 같죠?

일러두기

이 책은 아사히신문사 및 아사히신문출판에서 만든 잡지 〈메디컬 아사히〉에
연재했던 칼럼 기사(2011년 1월호~2016년 11월호)에 일부 내용을 추가해 구성했습니다.

제

실험실

A, B, C 3가지 타입
인플루엔자 바이러스
Influenza viruses

헤모필루스 인플루엔자

독감을 일으키는 원인 바이러스. 인플루엔자란 영어로 '영향(influence)'이라는 뜻이다. 여기서 '영향'이란 의미는 '천체의 영향'을 말하는데, 옛날 사람들은 우주에 존재하는 모든 물체(천체)주1의 움직임이나 추운 기후 때문에 인플루엔자가 생긴다고 믿었다.

A형 인플루엔자 종류는?
16×9=144개

인플루엔자 바이러스는 RNA 바이러스다. RNA

는 DNA와 더불어 핵산이라고 하는데, 지방, 단백질, 탄수화물과 더불어 생명체를 이루는 주된 물질이다.

RNA 바이러스는 몸속에 들어온 후에 유전 정보를 복제하는 과정에서 돌연변이가 잘 일어난다. 전염성이 높은 급성 호흡기 질환이며, 인플루엔자는 표면 항원인 두 효소 헤마글루티닌(H)과 뉴라미니다제(N)의 유전자 변이를 통해서 매년 유행한다.

헤마글루티닌은 세포에 접착되는 것을 돕고, 뉴라미니다제는 반대로 숙주세포주2에서 빠져

나갈 때 유용하다. 이 둘이 인플루엔자 바이러스의 항원으로 인식되고, 그 아형(서브타입)에 따라 번호를 배정받는다.

인플루엔자 바이러스에는 A, B, C로 3가지 타입이 있는데, 그중에서도 A와 B는 인간에게 병을 주기 때문에 문제가 된다. 특히 A는 항원의 '항원대변이(antigenic shift)'라는 큰 변화(돌연변이)가 일어나기 때문에 몇십 년에 한 번씩 세계적인 대유행(팬데믹)을 일으킬 때가 있다. A형의 경우 헤마글루티닌은 15종류, 뉴라미니다아제는 9종류로 다 합쳐서 135종류(15×9)라고 설명했는데, 2005년에 16번째 헤마글루티닌이 발견되면서 144종류(16×9)가 되었다.

창문을 열면 공기 중에 날아 들어온다?

인플루엔자균은 1930년 무렵까지 인플루엔자의 원인균으로 생각되어졌다. 처음에 학계에서 인플루엔자의 원인이 되는 세균이라고 최초에 보고했기에 '인플루엔자균'이란 이름이 붙여졌지만, 나중에 알고 보니 인플루엔자의 직접적인 원인균이 아니라, 이차적 병원균이라는 점이 밝혀졌다. 플루엔자의 원인을 착각해서 잘못 이름이 붙여진 것이다.

인플루엔자균의 학명은 헤모필루스 인플루엔자(Haemophilus influenzae)이며, 미국 임상 현장에서는 헤모필루스나 H플루 등으로 부르고, 영어권에서는 인플루엔자를 '플루(flu)'라고 부르기 때문에 인플루엔자 백신을 '플루샷(flu shot)' 또는 '플루잽(flu jab)'이라고 한다.

1918년에 스페인독감의 바이러스는 인플루엔자 A형(H1N1)으로 확인되었는데, 당시에는 바이러스를 분리, 보존하는 기술이 없어서 스페인독감의 정확한 원인이 밝혀지지 않았었다. 스페인독감은 수천만 명이나 되는 사람의 목숨을 앗아갔다. 그 당시 아이들은 '줄넘기 노래'를 이렇게 불렀다고 한다.

I had a little birdie.
His name was Enza.
I opened the window.
And in-flu-enza.

발음이 같은 'flu'를 'flew' 대신 써서 'Enza'라는 이름을 가진 아기 새가 '날아 들어온다'(in flew Enza)라고 비슷한 발음으로 불려졌다.

◆

인플루엔자는 진단 방법, 치료약, 백신, 그리고 합병증(뇌질환)에 관한 흥미로운 정보들이 다양하다. 인플루엔자는 현재도 연구 중이다. 백신 접종이나 치료약인 타미플루에 대해서도 의견들이 다양하다.

주1　천체는 항성, 행성, 위성, 혜성, 성단, 성운, 성간 물질, 인공위성 따위를 통틀어 이르는 말이다.
주2　바이러스 감염에 사용되는 세포. 바이러스는 자기 혼자서 독립해서 살 수 없고, 다른 세포에 기생하여 살아가는데, 이때 이용되고 있는 세포를 말한다.

임상감염증계의 천하장사
황색포도구균
Staphylococcus aureus

여러 가지 약물에
내성이 있다고?
우와, 그렇게 세?

최강은 아니야.
우린 그냥 박쥐처럼
옮겨 다닐 뿐.

황색포도구균

항생제 내성균
(MRSA)

만약 세균끼리 하는 씨름 대회가 열린다면, 만화 《모야시몬》의 균 중에 누가 가장 강할까? 아마 서쪽 천하장사는 누룩곰팡이, 동쪽 천하장사는 효모균(사카로미세스 세레비시아, S. 세레비시아)일 것이다.[주1]

임상감염증 세계에서는 단연코 황색포도구균이 천하장사다. 공식적인 사실은 아니지만, 내 생각엔 A군 용련균이 그에 맞설 만한 파워가 있는 것 같다(22페이지). 그 둘은 다양한 질환을 가졌을 뿐만 아니라 환자에게 주는 영향력

이 매우 큰 세균이다.

화려한 나쁜 기술이 한데 모인 황색포도구균

황색포도구균은 피부와 연부조직 감염증, 예를 들자면 봉와직염(급성 화농성 염증 질환)의 원인으로도 응급의사들에게 익숙하다. 소아과 의사에게는 소아나 영유아의 피부에 잘 발생하는 전염성 피부 감염증인 농가진의 원인으로 아주

친숙하다.

정형외과 의사에게는 무시무시한 화농성 관절염이나 골수염이나 관자뼈 부분에 생기는 염증인 추체염의 원인으로 공포의 존재이며, 순환기 의사들은 감염성 심내막염(IE)의 원인으로 기억할 것이다. 또한 연쇄상구균이 일으키는 고전적 아급성 심내막염보다도 공격적이며 판막(심장판막)을 점점 망가뜨리는 기분 나쁜 심내막염의 원인균이다.

황색포도구균이 가진 특이한 성질, 즉 여러 가지 약물에 내성을 보이는 성질인 '다제내성'화된 것을 '항생제 내성균(methicillin-resistant Staphylococcus aureus: MRSA)'이라고 부른다. 감염 관리 담당자나 투석을 실시하는 신장내과 의사는 항생제 내성균으로 생기는 카테터[주2] 감염 때문에 골치가 아플 것이다. 카테터를 연결한 집중치료실 환자들은 항생제 내성균 때문에 중증 폐렴으로 번지는 경우가 꽤 있는데, 고베대학병원에서는 중환자실(ICU)에서 발생하는 폐렴 중에 20~30퍼센트가 항생제 내성균 때문이라고 보고했다.

흉악범? 누명?
항생제 내성균의 본성…

항생제 내성균은 허구한 날 누명을 쓰는 불쌍한 존재라고도 할 수 있다. 소변에서 검출된 항생제 내성균의 대다수는 치료가 필요 없는 정착균이다. 항생제 내성균이 호흡기에서 발견되면 장기 요양 시설에서는 환자의 입원을 거절하는 경우가 여전히 있다.

최근에는 병원 말고 일상 장소에서도 항생제 내성균이 발견되는데, 이것은 백혈구 파괴 독소(PVL)라는 효소를 갖고 있으며, 가끔은 중증 감염증의 원인이 되기도 한다.

항생제 내성균은 평소엔 얌전하고 조용하기 때문에, 오해받아서 괴롭힘을 당하는 아이 같아 보인다. 그러나 뚜껑이 열렸다 하면 그 누구도 막을 수 없는 폭군이 되어 버린다.

공중위생 전문가들에게 황색포도구균은 식중독의 원인균으로 유명하다.[주3] 그밖에 여성이 사용하는 생리대 탐폰에 붙어서 독성쇼크증후군(toxic shock syndrome)의 원인이 되기도 한다.[주4] 어린 아이들에겐 피부 껍질이 벗겨지는 SSSS(포도구균성열상피부증후군 staphylococcal scaled skin syndrome)라는 병의 원인이 될 때도 있다.

정말이지, 황색포도구균은 누가 뭐래도 천하장사다.

주1 누룩곰팡이는 술, 된장, 간장 등을 양조하는 황국균이고 사카로미세스 세레비시아는 빵이나 술을 만드는 효모균이다. 만화 《모야시몬》의 등장인물 중에 1, 2위를 다툴 정도로 많이 나온다.

주2 체강이나 위, 창자, 방광 등의 장기 속 내용액의 배출을 측정하기 위해 사용되는 고무 또는 금속으로 만든 가는 관.

주3 특히 한여름엔 도시락 가게의 주의가 필요하다.

주4 월경할 때 탐폰을 사용하는 여성에게 나타나는 증후군. 젊고 건강하던 여성이 갑자기 목숨이 위태로워질 정도가 되니 매우 골치 아픈 균이다.

무서운 '장의사'

아시네토박터 바우마니균
Acinetobacter baumannii

콜로니. 1-3

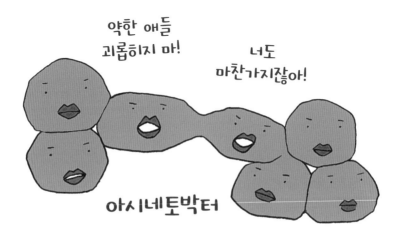

약한 애들
괴롭히지 마!

너도
마찬가지잖아!

아시네토박터

2010년, 각 언론에서는 "다제내성주1 아시네토박터, 병원 안에서 감염이 퍼지다!"라는 기사가 대대적으로 보도되었다. 각 신문과 뉴스에서는 호들갑을 떨었지만, 사실 대체 무엇이 문제였는지는 알 수 없었다. 그렇게 떠들썩하던 이야기는 시간이 점차 지나면서 곧 잠잠해졌다. 그러다가 머지않아서 아무도 그 이야기를 입에 담지 않게 되었다.

정말 그래도 괜찮은 건가?

아시네토박터 바우마니는 아시네토박터의 대표적인 병원성 균주로, 그람음성균이다. 세균은 크게 그람양성균과 그람음성균으로 분류되는데, 그람음성균은 그람염색을 했을 때 붉게 보이는 균을 말한다. 여기서 '그람'이란 이 염색법을 개발한 덴마크인 한스 C. J. 그람이란 사람의 이름에서 따왔다.

살인자가 아니라 장의사다

보통의 경우에 그람음성균은 물 주변에 많이 있

는데, 아시네토박터는 비교적 마른 곳에서도 퍼진다. 마치 그람양성균주2 같다. 그래서 '그람양성균 같은 그람음성균'이라고 말한다.

아시네토박터는 웬만해서는 감염증을 일으키지 않는 약한 균인데, 고령자나 면역질환자, 신장 기능이 좋지 않거나 심장 질환이 있어서 감염증에 약한 사람에게 폐렴이나 패혈증 등을 일으킨다. 면역이 약한 사람만 골라 괴롭히는 아주 야비한 균이다.

따라서 병원에 입원한 환자들에게 자주 병을 일으킨다. 원래 앓고 있던 병 때문에 생사를 오가는 약한 환자들에게 감염을 일으켜서 확인 사살을 하는 것이다. 즉, 아시네토박터 감염증으로 사망하는 환자의 대부분은 원래 앓던 병 때문에 조만간 죽음을 맞이하게 되는 환자들이다. 그래서 이 균을 '장의사'라 부르기도 한다.

뉴스에서 "아시네토박터 감염증으로 환자가 사망했다"라는 기사가 나오면 병원에서 무시무시한 일이 벌어진 것처럼 느껴지지만, 조만간 사망할 환자의 죽음을 조금 앞당긴 거라고도 말할 수 있다.

간단히 판가름할 수 없다?

1990년대부터 미국 등 여러 나라에서는 아시네토박터의 내성균이 문제가 되어 왔다. 여러 가지 약물에 내성을 보여서 치료약이 효과를 보지 못하기 때문에 무서운 균으로 여겨졌다. 게다가 약한 사람만 골라서 괴롭히는 균이기 때문에 더 무섭다는 것이다.

하지만 그런 성격으로만 이 세균이 무서운지 무섭지 않은지 쉽게 판가름할 수는 없다.

현재 병원에서 치료를 위해 사용하고 있는 다양한 항균제들이 있지만 여러 약물에 내성을 보이는 아시네토박터 감염증과 맞서 싸우기는 여전히 쉽지 않다. 그래서 내성이 강한 이 균을 낱낱이 연구해 대책을 세워야 하고, 앞으로 어떻게 이 균과 맞서 싸울지 치료 방법을 꾸준히 찾아야 한다.

주1   여러 가지 약물에 대하여 내성을 보이는 성질.
주2   건조에 강한 황색포도구균 등 인간의 주변에 항상 존재하는 균의 대부분은 그람양성균이다.

붉은 설사와 신부전의 원인이 되는

O157
Enterohemorrhagic *E.coli*(O157)

콜로니. 1-4

체내에 들어가면 위험하니 조심하세요.

우리는 열과 산에 좀 강하죠.

O157

식중독을 일으키는 대장균의 하나로, O157은 '오일오칠'이라고 읽는다. 대장균(E. coli) 표면에 있는 단백질 O항원의 여러 가지 혈청학적 타입 중 157번째로 발견된 것이라 하여 이렇게 이름지어졌다.

O157에서 'O'란 독일어로 '~없이(Ohne)'라는 뜻인데, 협막(캡슐)을 가지지 않은 대장균을 가리킨다. 협막을 가진 대장균은 K(Kapsel)라고 부른다.

미국에서는 'O157:H7(오원파이브세븐 에이치 세븐)'이라고 부르는데, 길기도 참 길어서 발음이 꼬인다. 시가톡신을 만드는 대장균, 장관 출혈성 대장균을 통틀어서 장출혈성대장균이라고 부르기도 한다.

O157은 심각한 문제다. 설사에 피가 섞여 나오는 병을 일으키는 원인균이기 때문이다. 전염

성이 강한 이 균이 일단 몸에 들어오면 복통, 설사, 혈변(붉은 설사)이 나온다.

그뿐만이 아니다. 독소가 몸에 퍼져 적혈구를 파괴하며 신장을 집중 공격해 '햄버거병'으로 불리는 용혈성 요독증(hemolytic uremic syndrome: HUS)을 일으키기도 한다. 게다가 신부전을 일으키는 중요한 원인이다. 상당히 골치 아픈 세균이다.

주요 감염 경로는 '음식물'

잠복 기간이 4~5일 정도로 길어서 식중독의 원인을 알아내기 힘들고 그만큼 예방하기도 어렵다. 이 세균은 육류, 채소, 과일 등 다양한 음식물을 통해 감염된다.

만화 《모야시몬》에서는 세균을 맨눈으로 확인할 수 있는 주인공이 학교에서 받은 음식에서 O157을 발견하고 작은 소동이 일어난다. 세균이 보인다는 아주 부러운 능력을 가진 주인공이 나오는 만화다.

참고로 《모야시몬》의 저자이자, 지금 읽고 있는 이 책의 그림을 그린 이시카와 마사유키 씨의 고향인 오사카 사카이 시에서는 1996년에 O157 때문에 집단감염이 일어나 큰 난리가 났었다.[주1]

그 당시 보건복지부가 무순 때문이라고 언론에 정보를 흘리는 바람에 죄 없는 채소 상인들이 타격을 입었고, 그것을 수습하기 위해 당시 보건복지부 장관이 방송에 나와서 무순을 맛있게 먹는 모습을 보이기도 했다.

치료법은 아직 미해결 영역

O157이 일으키는 붉은 설사나 용혈성 요독증의 치료 방법은 아직까지도 결론이 나지 않았다. 현재 치료법으로는 항생제 투여가 이용되고 있지만, 항생제는 O157을 터트려서 죽이는 동시에 다량의 독소를 내보내서 환자의 증상을 악화시킬 수 있기 때문에 주의를 기울여야 한다. 위생관리를 철저히 해서 확산을 막는 것이 최선의 방법이다.

주1 1996년 7월에 오사카 사카이 시에서 9,000명이 넘는 집단감염 환자가 발생했는데, 감염원은 특정되지 않았다(사카이 시 발표).

속성이 뒤죽박죽 섞인

A군 용련균
Streptococcus pyogenes

안 돼!

우리는
여러 가지
이름을
갖고 있어요.

어린이에게
붙어서
살면 안 될까요?

A군 용련균

내가 생각하기에 세균계의 서쪽 천하장사는 A군 용련균이다(16페이지 참조). 형태며 화학 반응이며, 여러 가지 속성이 뒤죽박죽 섞여 있다. 이 균의 이름은 지극히 복잡하다. 베타 용혈(혈액한천 배지에서 용혈했을 때 투명하게 보임)이라 '베타 용련균'이라고도 불리고, 연쇄하는 구균이기 때문에 '화농연쇄구균', '고름사슬알균'이라고도 한다.

란스필드 분류에서 혈청형은 A형으로 분류되기 때문에 A군이다. 그래서 A군 베타 용혈성 연쇄구균(A군 용련균)이라고 불리기도 한다. 원래 균의 이름은 스트렙토콕쿠스 피오제네스이다. 운동선수나 인기인이 여러 가지 별명으로 불리는 것과 같은 의미로 이해하기 바란다.

다양하고 복잡한 임상 증상

A군 용련균의 임상 증상은 부르는 이름보다 훨

씬 더 복잡하다.

그중 인두 감염증과 연부조직 감염증이 유명하다. 인두는 목의 일부분으로, 이 부위는 공기와 음식물이 통과하는 통로가 되기 때문에 감염성 질환이 생기기 쉽다. 급성 인두염은 바이러스성 아니면 용련균이 원인일 때가 많다. 기준에 따라 점수를 매겨 용련균 때문에 인두염이 생길 가능성이 얼마나 되는지 계산할 수 있다.

중요한 점을 말하자면, 어린이에게 많이 발생하고, 기침이 나지 않으며 열이 높고, 전두부 림프절이 붓고 목이 빨갛게 부어오르고, 백태가 낀다. 이것이 전형적인 증상이다.

그러나 임상적으로는 다양한 증상이 있어도 실제로 용련균 때문인 경우는 60퍼센트 정도다. 몸만 진찰해서는 용련균 때문에 생긴 인두염인지 진단할 수 없고, 신속한 검사와 균 배양이 필요하다.

연부조직 감염증은 무덥고 습기 찬 여름철에 어린이에게 잘 나타나는 전염성이 높은 피부 감염증인 농가진, 세균에 감염되어 피부가 빨갛게 부어오르는 피부질환인 단독, 봉소염, 괴사성 근막염, 근염 등 다양한 증상이 있고, 때로는 독소성 쇼크 증후군도 같이 생긴다. 급성 발열성 질환인 성홍열의 원인이 되기도 한다.

이 균은 분만 후 산욕열을 일으키는 원인도 된다. 미국에서는 마취과 의사의 몸에 달라붙었던 A군 용련균이 병원 내에서 집단감염을 일으켜 주목을 끌었다.[주1]

A군 용련균에 감염되면 사구체신염(신장염)을 일으킬 때도 있다. 참고로 항균제로는 사구체신염을 예방할 수 없는 것으로 추측된다.

또한 류마티스열을 일으키기도 한다. 선진국에서 류마티스열은 보기 힘든데, 개발도상국에서는 아직도 흔하다. 결절성 홍반, 무도병, 심근염 등 다양한 증상을 일으키는 복잡한 자기면역 질환이다. 예전에는 승모판협착증을 일으키는 가장 큰 원인이었다.

류마티스열은 인두염이 생겼을 때만 같이 일어나는데, 연부조직 감염증은 류마티스열을 절대로 일으키지 않는다고 한다.

첫 선택은 페니실린 G

A군 용련균에는 정말 다양한 임상 증상이 있다. 그런 의미에서도 균 중에 천하장사라 불릴 충분한 자격이 있다고 이해했으리라 믿는다. 다행히도 이 균은 페니실린을 100퍼센트 받아들이기 때문에 처음 치료부터 페니실린 G를 사용한다.

주1   Paul SM et al: Infect Control Hosp Epidemiol 11 (12): 643–646, 1990.

유명한 축구 선수와 의외의 관계

폴리오바이러스
Poliovirus

지금 책
홍보하는 거야?

이 책
읽어봤어?!

예방접종은
효과가 있는가?

부모라면
고민할 문제지.
"우리 아이에게
소아마비 예방접종을
해야 하나?"

폴리오바이러스

소아마비(polio)는 폴리오바이러스에 의한 신경계의 감염으로, 회백수염(poliomyelitis, 뇌나 척수를 이루는 회백질에 염증이 생긴 척수성 소아마비)의 영문 줄임말이다. 회백이란 회백질(라틴어로는 substantia grisea, 영어로는 gray matter)을 말한다.

폴리오(Polio)는 그리스어로 '회색'을 뜻하는 'polios'에서 유래했다. 참고로 영어 그레이(gray)가 왜 회백색인지 몰랐는데, 표준국어대사전을 보니 '회색빛을 띤 흰색'이라고 한다. '회색'이라고 하면 알기 쉬울 텐데 '회백색'이라고 하니 어렵게 느껴진다.

폴리오바이러스는 폴리오의 원인이 되는 RNA 바이러스이며, 사람에게 병을 일으키는 바이러스 중에서는 가장 작은 것 중의 하나다(지름 27나노미터. 나노는 마이크로의 1,000분의 1로 대부분의 세균은 지름이 몇 마이크로미터다. 바이러스는 광학현미경으로도 보이지 않을 정도로 작다[주1]).

이 바이러스에 오염된 물이나 음식물을 섭취하면 바이러스가 인두나 소화관 림프절 안에서 증식한다. 때로는 혈류감염을 일으키고, 수막염을 일으키기도 한다. 나아가 척수 회백질이 감염되어 비대칭성 마비가 일어나기도 한다.

전설의 축구선수 가린샤의 드리블은 멈출 수 없었지만…

폴리오 질환(소아마비)을 앓은 인물로는 제32대 미국 대통령 프랭클린 루스벨트가 있다. 아직까지도 브라질 역대 최고의 축구 선수로 많이 꼽히는 가린샤[주2]도 그중 한 사람이다. 가린샤는 마비가 남은 다리로 그 누구도 막을 수 없는 드리블을 선보였다. 전설의 브라질 축구 선수 가린샤의 드리블은 그 누구도 멈출 수 없었지만, 폴리오의 유행은 백신이 막았다.

소아마비 백신은 2가지 종류다. 미국의 의사 겸 생물학자인 요나스 솔크가 개발한 바이러스를 불성화시켜 근육에 주사로 접종하는 주사형 사백신과, 바이러스를 약화시켜 만들어 입으로 투여하는 알버트 사빈이 개발한 먹는 형태의 경구형 생백신이다.

일본에서는 1960년에 유바리 시 등에서 폴리오가 유행하여 많은 아이들이 소아마비에 걸렸다. 당시 일본에선 불활화 백신이 있었지만 여러 차례 접종해야 하기에 감염 속도를 따라가지 못해서 폴리오의 유행이 멈출 줄을 몰랐다. 그 때문에 그 당시 보건복지부 장관은 이례적으로 구소련 등에서 생백신을 긴급 수입하기로 결단

을 내렸다. 생백신 덕분에 일본은 폴리오 유행을 막을 수 있었다. 1980년대부터는 자연 발생으로 폴리오에 감염되는 환자가 일본에서는 점차 사라졌다.

불활화로 전환할 수 없는 어른의 사정?

일본을 구했던 그 생백신이 이번에는 문제를 일으켰다. 일본에서 생백신 자체가 소아마비를 일으키는 부작용 사례가 있었기 때문이다.

전염병이 유행할 때는 문제가 되지 않을 정도의 아주 드문 부작용이었지만, 선진국이 되면서 자연 발생이 전혀 일어나지 않을 땐 소아마비를 일으키는 부작용은 아주 큰 문제가 된다.

사빈이 개발한 경구용 백신은 접종하기 쉬워서 현대에는 거의 모든 나라에서 사용했었는데, 그러한 부작용 때문에 선진국은 불활화 백신을 다시 사용하고 있다.

....

주1 광학현미경으로는 200나노미터 정도까지만 보인다.

주2 가린샤의 본명은 마누엘 프란치스코 도스 산토스(Manoel Francisco dos Santos)다. 브라질이 두 번의 월드컵을 제패하는 데 공헌한 전설의 드리블러다.

....

균이 만들어내는 독소가 위험

파상풍균
Clostridium tetani

말이나 가축의 변과 그 근처 흙에도 우리가 있어요!

헉!

당연히 농업대학에도 있지요!

파상풍균

파상풍은 상처 주위에 자란 파상풍균이 만들어내는 신경 독소에 의해 몸이 쑤시고 아프며 근육 수축이 나타나는 질환이다. 파상풍균은 영어로 클로스트리듐 테타니(Clostridium tetani), 파상풍은 테타누스(tetanus)라고 한다.

신경독은 근수축을 일으켜 몸을 쉴 새 없이 옥죈다

파상풍은 파상풍균 감염증이지만 감염증답지 않은 병이다. 염증 징후(발열, 발적, 부종, 동통)가 원칙적으로 나타나지 않는다. 균 자체가 질환을 일으키는 것이 아니라 이 균이 만들어내는 독소(테타노스파즈민)가 문제다.

토양에 있는 파상풍균은 피부의 상처를 통해 인체로 들어온다. 거기서 생기는 독소는 신경 기능을 억제하는 강한 독성 물질인 신경독이다. 이름만 들어도 혈관이 쪼그라들 것만 같은 느낌인데, 정말 그렇다. 운동신경의 축삭돌기를 지나 신경근 접합부에서 근육의 수축을 일으킨다. 쉴 새 없이 근수축을 일으켜 몸을 옥죄는 것이다. 얼굴은 웃는 모습인 채로 굳어 있지만 눈은 웃지 않아서 기묘한 표정을 짓게 된다. 등줄기는 뒤로 젖혀지고 소리나 빛에 약간만 자극을 받아도 근육이 바르르 떨린다. 치료하지 않고 그대로 놔두면 호흡도 불가능해지고 침을 삼키지도 못한 채 죽음에 이르는 경우도 있어 매우 골치 아픈 질환이다.

파상풍은 경험이 많은 의사라면 비교적 간단하게 진단할 수 있지만, 본 적이 없으면 알아내기가 힘들지도 모른다. 근력이 갑자기 떨어지는 질환은 의외로 많은데(길랭-바레증후군, 보툴리누스증, 중증근무력증 등), 근수축이 계속되는 질환은 비교적 적기 때문에 그런 생각을 염두에 두고 진단하면 된다.

자연 재해 시에도 주의가 필요

파상풍은 개발도상국, 특히 어린이에게 자주 보이는 질환인데 선진국에서도 시골에서는 농사일을 하다가 괭이나 낫으로 상처를 입었을 때 증상이 나타나기도 한다.

또한 2011년 3월 11일에 있었던 일본의 대지진처럼 지진이나 쓰나미 같은 자연 재해가 일어났을 때 토양에 오염되어 겉으로 상처가 생기면 파상풍이 나타나기 쉽다.

파상풍은 근육을 이완하는 치료를 하고, 인공호흡을 하면서 치료해야 하는데, 상황이 열악한 재해 지역에서 파상풍이 생겼을 때는 관리하기가 무척 힘들다.

예방이 우선이에요

파상풍은 생기지 않도록 예방접종으로 미리 조심하는 것이 가장 좋은 방법이다. 파상풍 톡소이드라는 예방접종과 파상풍 면역 글로불린을 사용할 수 있다. 일본에서는 1968년이 되어서야 파상풍 백신을 포함한 3종 혼합 백신(DPT)[주1]을 정기적으로 접종하도록 도입했다. 그 때문에 그 전에 태어난 많은 고령자들은 파상풍에 대한 면역이 없다.

주1   디프테리아, 백일해, 파상풍 등 3가지 병원균을 예방하기 위한 혼합 백신.

육회 문제로 크게 주목을 끌다

장출혈성대장균
Enterohemorrhagic E.coli[0111]

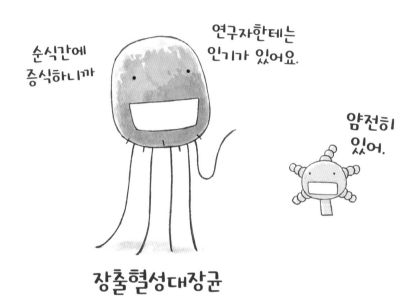

순식간에
증식하니까

연구자한테는
인기가 있어요.

얌전히
있어.

장출혈성대장균

사실은 미생물 이야기를 한 주제에 하나씩만 하려고 원칙을 세웠는데, 이번만큼은 예외로 치겠다. 이미 병원성대장균 O157 이야기를 했지만(20페이지), 장출혈성대장균도 병원성대장균 중의 하나다.

병원성대장균은 사람이나 동물의 대장에 서식하는 병독인자를 가진 대장균으로, 특히 영유아 설사 질환의 원인균으로 알려졌다.

고깃집 체인점 식중독 문제의 진짜 원인은?

2011년 4월에 병원성대장균 O111이 집단 식중독[주1]을 일으켜 4명의 사망자가 발생했다. 고깃집에서 먹은 육회가 원인으로 추측되었다. O157이 아니라도 베로독소[주2]를 만들어내는 병원성대장균은 용혈성요독증후군(HUS)을 일으킬 수 있다.

이 육회 사건으로 언론이 떠들썩했는데, 대체 진짜 원인은 무엇이었을까? 사장이 무릎 꿇고 직접 사과하기도 했다. 그런데 정말 모든 게 고깃집 체인점의 잘못일까? 아니면 소고기를 제공한 도매업자 잘못일까?

대장균은 아마도 소가 도살되기 전에 들러붙었다고 추측된다. 그러면 소고기를 제공한 축산업자에게 책임이 있는 것일까, 아니면 감사 책임이 있는 보건소나 보건복지부에 잘못이 있는 것일까? 애초에 어린이에게 생고기를 먹게 한 가족의 책임인가, 아니면 대장균 자체에 죄가 있을까?

감염증의 세계에서 '범인 찾기'는 어울리지 않는다

이처럼 식중독이라는 현상이 일어났을 때 잘잘못을 따지는 '범인 찾기'를 중심으로 토론하면 이야기는 뒤죽박죽 섞이고 만다.

감염증은 병원체가 인간에게 들어가 병을 일으키는 현상을 말하는데, 거기에 '악의'는 존재하지 않는다. 그저 '현상'만이 있을 뿐이다. 특정인을 가리켜 '저 사람 잘못이다'라고 꾸짖는 모습은 감염증 세계에 어울리지 않는다(나는 그렇게 생각한다).

이 사건 이후로 '육회는 먹지 마'라며 비난의 화살이 육회를 좋아하는 사람들에게 쏟아지고 있는데, 원래 장출혈성대장균은 미식가가 아니라서 '식품'을 고르지 않는다.

미국에서는 햄버거가 장출혈성대장균의 집단

감염을 일으키고 있다. 생고기만이 아니라 익힌 고기에서도 문제가 일어난다는 거다.

시금치 등의 채소, 라즈베리와 같은 과일도 장출혈성대장균을 퍼뜨린다. 그럼 생채소도 생과일도 모두 다 먹지 말아야 한다는 것인가?

식품 안전은 언제나 중요해

육회 사건으로 알게 된 점이 있다. 대부분의 기업에서는 식품이 지극히 안전하다고 주장한다는 점이다. 미국에서는 매년 국민의 6명 중에서 1명꼴로 식중독에 걸려 약 3,000명이 사망한다. 일본에서는 식중독으로 매년 10명도 채 되지 않는 사망자 수가 발생하는 것을 보면 아주 대조적이다.

한국도 일본과 마찬가지다. 식중독 사건이 발생했을 때 언론에서 대대적으로 보도하는 이유는 자주 일어나지 않는 사건이기 때문이기도 하다.

주1 일본의 고깃집 체인점에서 육회 등을 먹은 남자 어린이 등이 사망했다. 사망자 4명에게 대장균 O111이 검출되었다.
주2 시가톡신(Shiga toxin)을 말한다.

발견될 시에는 모두를 공포로 몰아갈

HIV(인체면역결핍바이러스)
Human Immunodeficiency Virus

후천성면역결핍증은 영어로 Acquired Immune Deficiency Syndrome, 줄여서 AIDS(에이즈)라고 한다.

그리고 그 원인이 바로 인체면역결핍바이러스(human immunodeficiency virus), 즉 HIV(에이치아이브이)다.

에이즈라는 질환의 존재는 1981년[주1]에 확인되었다. 성 접촉, 오염 주사기 사용, 오염 혈액 및 혈액 제제 사용, 감염된 산모로부터의 수직 감염 등으로 감염된다.

1987년의 '에이즈 패닉' 돌아보기

일본에서 에이즈는 초반에 혈액 혼합약에서 감염되는 경우가 많았는데, 특히 혈우병 환자의 감염 사례가 많았다.[주2] 또한 남성 동성애자에게도 감염이 많다는 사실이 알려졌다. 1987년 1월, 일본 고베 시에서 처음으로 여성 에이즈 환자가 발견되어 당시 고베는 '에이즈 공황'[주3]에 빠졌었다.

당시 에이즈 대책 전문가 회의에서 시오카와 유이치 위원장은 "일부 남성 동성애자뿐만 아니라 지극히 평범하게 생활하는 사람들에게도 위험이 퍼질 우려가 있다"라고 이야기했다(〈아사히신문〉 1987년 1월 18일 조간). 1월 19일자 〈아사히신문〉 사설에는 "지금까지 알려진 그 어떤 전염병보다도 무시무시하다", "에이즈가 퍼지는 것을 막으려면 당장은 에이즈가 얼마나 무시무시한지 국민들에게 알리는 수밖에 없다"는 글이 실렸다.

또 같은 날인 19일에 요코스카 시는 에이즈 강습회를 열었는데, 강습회장은 참가하려는 사람으로 북새통을 이루었다(〈아사히신문〉 1987년 1월 20일 조간). 24일에는 고베 시에서 의료인을 대상으로 공부 모임이 열렸고, 여기에도 약 1,000명이 참가하여 성황을 이루었다. 효고 현의 에이즈 상담 건수는 며칠 만에 1만 명을 넘기도 했다.

요컨대 전문가부터 시작해서 행정 담당자, 지자체, 언론, 의료인, 일반 시민들까지 모두 다 공황 상태에 빠진 것이다.

소리 없이 계속 늘어나는 감염자

1987년에 〈아사히신문〉에서 '에이즈'라는 단어가 쓰인 기사는 549건이나 되었다. 1990년대부터 일본에서 보고된 HIV 감염자 수는 계속 늘어나고 있다.[주4]

해마다 조금씩 차이는 있지만 결정적으로 감염자가 줄어들고 있다는 징후는 없다. 세계적인 통계로는 예방 홍보 활동과 치료 약제 보급으로 전염력이 줄면서 1995년부터 신규 감염자가 꾸준히 줄고 있다.

하지만 우리나라는 2010년 이후 매년 신규 에이즈 감염자가 가파르게 증가하더니 2013년부터는 매년 1,000명 이상의 새 감염자가 발생하고 있다.

한국은 2019년 한 해, 1,228명의 HIV 감염자가 신규로 보고되었으며, 이중 20~30대가 60퍼센트 이상을 차지했다. 에이즈 감염 전문가들은 젊은이들의 동성 간 성 접촉으로 인한 감염이 늘었기 때문으로 분석한다.

누구도 떠들지 않는 문제야말로 우리가 적극적으로 맞서야 할 문제. 아, 또 웃음기 없는 글이 되고 말았다.

....

주1   1981년 6월, 미국 로스앤젤레스에서 세계 최초로 에이즈 환자가 보고되었다.

주2   1980년대. 주로 혈우병 환자에게 비가열 혼합약을 치료에 사용하면서 HIV 감염자 및 에이즈 환자가 여럿 발생했다.

주3   당시 일본 고베 시에 사는 29세 여성이 에이즈로 판명되고 즉시 사망하면서 일본 전역이 떠들썩했고, 상담 창구를 마련해 특례법까지 만들어졌던 사건이다.

주4   2010년에 보고된 HIV 감염자 수는 1,075건으로 전년 대비 54건 증가. 과거 세 번째로 많다. 에이즈 환자는 469건이 보고되어 과거 최고를 갱신했다. 2015년에 보고된 신규 감염자 수는 HIV가 1,006건, 에이즈 환자가 428건으로 합치면 1,434건이다.

....

한 번 감염되면 평생 간다

B형간염 바이러스
Hepatitis B virus

한국인에게
가장 흔한
간염이래!

정말?!

B형간염 바이러스

간세포에 감염되어 생명을 위협할 수도 있는 바이러스다.

전 세계적으로 만연하며 급성과 만성 간 질환 모두를 유발할 수 있다. 중국에서는 B형간염 바이러스(HBV) 보균자가 1억 명이 넘는다는 말도 있다. 내가 베이징 진료소에서 일했을 때는 자주 유흥업소에 가서 급성 B형간염에 걸린 주재원들을 진료했다.

B형간염은 완치가 안 된다?

B형간염은 수혈이나 성행위로 감염되거나 출산할 때 보균자인 엄마에게 아기가 감염(수직감염)되기도 한다. B형간염 바이러스는 급성 간염을 일으키기도 하고 만성 간염이나 간경변, 간세포암의 원인이 되기도 한다. 증상은 없지만 보균자가 될 때도 있다.

전에는 급성간염 후에 B형간염 표면항체(HBsAb)가 생기면 B형간염이 치료됐다고 알려져 있었는데, 최근 연구에서는 이를 부정했다. 항체가 생기고 혈액 안에 바이러스가 없어도 간세포 안에는 바이러스가 잠자코 머물러 있다. 암을 치료하기 위해 화학요법을 받거나 면역이 저하되면 치료한 줄 알았던 B형간염이 재발해서 간 기능이 악화될 때가 있다.

'B형간염 바이러스는 한 번 감염되면 평생을 간다'라고 생각하는 편이 편하다. 'Once HBV, always HBV'인 것이다. B형간염 치료제의 경우 바이러스를 억제하는 효과는 뛰어나지만, 근본적으로 바이러스를 제거하진 못하기 때문에 완치의 개념이 없다. 따라서 대부분의 환자는 평생 치료제를 복용하면서 6개월에 한 번씩 정기 검진으로 관리해야 한다.

늘어나는 수평감염, 유전자형A

일본에서는 예로부터 B형간염이 모체에서 아기로 수직감염되는 감염 경로만 중시하고 성행위 때문에 생기는 수평감염은 거의 무시해 왔었다. 그러나 근래 들어 수평감염, 만성감염이 되기 쉬운 외래종 유전자형A가 국내에서 늘어나면서 갑자기 수평감염의 위험이 알려지기 시작했다.

B형간염 중에도 서브타입이 있는데 유전자에 따라 분류된다. 그것을 또 A, B, C로 분류하기 때문에 'B형간염의 유전자형A'라는 복잡한 표현을 쓴다.

그렇다면 일본에서는 원래 수평감염이 없었을까? 나는 그렇지 않다고 생각한다. 성감염으로 HIV에 감염된 환자의 B형간염 바이러스(HBV) 동시감염을 보면, 확실히 유전자형A가 많지만 유전자형C[주1]의 보균자도 적잖이 존재한다. 모체에서 수직감염을 받아 B형간염 유전자형C를 가진 사람들이 우연히 수평감염으로 HIV 보균자가 되었다? 이것은 너무 억지스러운 논리가

아닐까?[주2] 유전자형C도 빈도는 낮지만 수평감염과 만성화가 일어난다고 생각하는 편이 맞을 것이다.

예방접종이 최고의 방법

대부분의 나라에서는 감염 예방을 위해 B형간염 백신을 모든 아기에게 접종하도록 장려하고 있는데, 일본에서는 '수평감염은 드물다'라는 생각 때문에 정기 접종을 받지 않는다. 일본에 100만 명 이상의 보균자가 있다고 하는 B형간염에 대해 이론적으로는 박멸이 가능하다고 하지만, 일본은 아직 제대로 손을 쓰고 있지 않다.[주3]

B형간염은 예방접종을 통해 예방이 가능한 감염병이다. 현재 한국은 모든 영유아를 대상으로 B형간염 예방접종을 필수로 시행하고 있으며, B형간염 항체가 없는 성인은 첫 접종 후 1개월, 6개월 후에 맞춰 총 3회 예방접종하면 된다.

....

주1 원래 일본인에게 많은 타입. 성인이 된 후에 감염되면 보균자가 되는 경우는 드물다고 생각했었다.

주2 Shibayama T, Masuda G et al: Journal of Medical Virology 76:24-32, 2005.

주3 2016년 10월 1일부터 드디어 정기 접종하기로 되었지만 2016년 4월 1일 이후에 태어난 0세아 대상이기 때문에 그 전에 태어난 사람은 아직도 임의 접종이다.

....

세계 인구 중 3분의 1이 감염되었다

결핵균
Mycobacterium tuberculosis

가만두지
않겠어!

무셔~

우리 세력을
늘리자!!

으흐흐흐흐

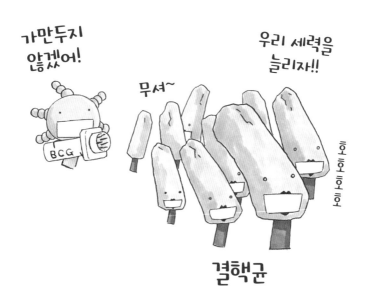

BCG

결핵균

앞에서 B형간염 바이러스를 설명할 때, 내가 중국에 있을 때 급성 B형간염을 자주 진찰했었다고 이야기했는데, 결핵 환자도 아주 많았다. 중국 의사들은 결핵을 정말 자주 보는 모양이다. 내가 봤을 때는 정상으로 보이는 흉부 X선 사진도 단번에 "이건 결핵이야"라고 진단했다.

'정말인가? 임상 증상도 안 보이는데다가 아직 젊고 건강하고, 평소에 앓고 있는 질환도 없는데, 그냥 건강 검진 받으러 온 것뿐인데 설마 아니겠지' 하며 마지못해 가래 검사를 해보면, 도말 양성 판정. 흥미롭게도 보란 듯이 폐결핵이었다.

항결핵제로 치료했더니 환자는 몰라보게 건강해졌고 체중도 늘어서 "일 때문에 피곤한 줄 알았어요. 이렇게 건강해질 줄이야"라고 말했다. 환자가 증상을 말하지 않는다고 해서 그 병이 아니라고 단정 지을수는 없다.

안이한 진단을 조심하자!

"결핵일지도 모른다고 생각해라." 나는 레지던트에게 자주 이렇게 가르치는데, 근거 없는 이야기는 아니다. 왜냐하면 결핵의 증상은 매우 폭이 넓다.

이런저런 증상을 '결핵이 아니다'라고 단정짓기가 어렵다. 결핵은 만성질환이니까 급성질환과는 다르다? 그런 것도 아니다. 당연한 이야기지만, 어떤 만성질환이든 증상이 나타난 직후는 '급성기'이다. 그 어떤 베테랑도 베테랑이 되기 전에는 초보자였던 것과 마찬가지다.

일반 폐렴인 줄 알았더니 사실 결핵인 사례가 많다.[주1] 그런 경우에 안이하게 항결핵 작용이 있는 플루오로퀴놀론(폐렴에 사용되는 항생제)을 처방하면 진단이 2주 이상 늦어지므로 조심해야 한다.[주2]

세계 인구 중 3분의 1은 결핵균에 감염되어 있다. 세계보건기관 데이터에 따르면 중국은 2015년 기준, 결핵 발병률(연간 인구 10만 명당 신규 결핵 환자 수)이 67퍼센트이다.[주3] '어머, 중국 어떡하니' 하며 남의 집 불구경하듯 하면 안 된다.

최근 10년간 전년 대비 최대폭으로 줄어든 수치를 보였지만, 우리나라는 OECD 회원국 35개국 중 결핵 발생률이 압도적인 1위를 차지하고 있다. 정부는 '결핵 예방관리 강화대책'을 추진 중으로, 2030년까지 조기 퇴치를 목표로 삼았다.

그 유명한 '비너스'도 결핵이었다?

결핵을 앓으면 몸무게가 줄어들고 빈혈 때문에 얼굴이 하얘지며, 열 때문에 볼이 불그스름해지고 눈 주변이 해쓱해져 몽환적인 표정에 눈동자가 크고 촉촉한 모습이 된다. 그 모습은 흔히 미인의 기준과도 닮았다고 하는데, 이탈리아의 화가 보티첼리가 그린 〈비너스의 탄생〉의 모델인 시모네타도 결핵을 앓았다고 전해진다.

토마스 만이 쓴 소설 《마의 산》은 결핵을 소재로 한 대표적인 작품인데, 오래전 문학작품에는 '결핵'을 '아름다움'이라는 긍정적인 이미지와 연결한 경우가 많다. 그런 이유 때문인지 이 질환은 감염성이 높은데도 세계적으로 충분히 대책을 세우지 못한 채로 제자리걸음이다.

한편, 같은 항산균이라도 감염성이 훨씬 낮은 한센병을 일으키는 나균(152페이지)은 환자의 겉모습이 주는 이미지 때문에 오랜 세월 동안 불필요한 격리의 대상이 되어 왔으며 현재까지도 그렇다. 우리는 늘 겉모습에 속는다.

주1 Schlossberg D: Acute tuberculosis: Infect Dis Clin North 24: 139–146, 2010.

주2 Dooley KE, Golub J et al: Empiric treatment of community-acquired pneumonia with fluoroquinolones, and delays in the treatment of tuberculosis: Clin Infect Dis 34: 1607–1612, 2002.

주3 WHO 결핵 나라별 통계(2015년), https://www.who.int/tb/country/data/profiles/en

매독균
Treponema pallidum

이런!

크다!

넌 너무
위험해!

매독균

매독균에 관한 이야기는 산더미처럼 많다. 하고 싶은 말도 아주 많다. 이 제한된 공간에서 어떤 이야기를 해볼까? 먼저 영화감독 구로사와 아키라에 관한 이야기부터 해보자.

영화로 보는 60년 전의 매독

구로사와의 1949년 영화 <조용한 결투>에서 는 매독이 큰 의미를 가진다. 남자 주인공인 의사는 전쟁터에서 수술을 하던 중, 환자의 혈액이 상처에 들어가 매독에 감염된다. 전쟁통에 자신을 충분히 돌보지 못하는 바람에 병이 더심해진 의사는 살바르산[주1]으로 치료하지만 바서만 반응[주2] 검사에서 계속 매독이 몸에 있는 것으로 나온다. 자신의 몸에 매독균이 있다는 사실 때문에 고뇌하는 주인공은 정혼자에게 약혼을 파기하자고 하지만 이유를 설명할 수는 없다.

21세기인 지금 이 영화를 보면 금욕적인 주인공의 태도에 이해가 안 되는 부분들이 있기도 하다. 구로사와 감독의 작품 중에 내가 가장 좋아하는 영화는 쿨하고 냉혹한 등장인물이 많이 등장하는 〈요짐보〉다. 취향 차이일 뿐이지만 말이다. 명작 속에는 주인공이 질병을 가진 작품들이 꽤 있다.

살바르산과 하타 사하치로의 100년

영화 <조용한 결투>를 보면 살바르산으로 매독을 치료해도 효과는 그리 높지 않은 듯 보인다. 실제로 살바르산을 사용해도 매독이 다시 생기는 경우가 많아서 신경매독처럼 증상이 심각할 때는 효과가 적었던 듯하다.[주3]

그 살바르산의 효과가 독일 학회에서 발표된 것이 1910년이고, 처음으로 미국의 학술계에 공개된 것이 100년 전인 1911년이다. 그 유명한 페니실린이 발견된 1928년보다 훨씬 전의 이야기이므로, 당시엔 살바르산이야말로 항균제 시대를 연 최초의 약이었다.

그 살바르산을 파울 에를리히와 협력하여 개발한 사람이 일본인인 하타 사하치로다. 아쉽게도 살바르산은 비소가 들어 있는 데다 독성이 강한 탓에 현대 의학에서는 쓰이지 않는다.

매독 치료제는 나중에 나온 페니실린이 대신하게 되었는데, 이 약은 살바르산보다 효과가 훨씬 뛰어났고 부작용도 적었다.

그러나 실패가 있어야 성공이 있는 법이다. 에를리히와 하타 덕분에 병원 미생물을 죽이는 화학물질이 감염증 치료에 기여한다는 사실이 처음으로 밝혀졌다는 점은 매우 큰 성과다. 이 사건이 모든 치료에 관한 가설의 시작이 되었다.

하타 사하치로는 미생물계의 거장인 기타사토 시바사부로, 시가 기요시, 노구치 히데요 등에 비하면 지명도가 낮고 그 업적을 인정받지 못했다는 인상이 있다. 그러나 최근에 드디어 인터넷에서도 하타 사하치로에 대한 정보를 조금은 얻을 수 있다. 어느덧 100년 이상이 지났으니 그에 대한 평가가 조금은 더 후해도 되지 않을까 생각해본다.

주1 최초의 화학요법제로 매독 특효약으로 취급되었다. 상표 이름.
주2 매독의 혈청 진단법.
주3 Sepkowitz KA: One hundred years of Salvarsan: N Engl J Med 365(4): 291-293, 2011.

제

2

실험실

세계 3대 감염증으로 꼽힌다

말라리아
Malaria

애물단지 좀
가져오지 마!

원충은 단세포
미생물이지만
세균으로
분류되지는 않아.

말라리아원충

'말라리아는 이제 신경 쓸 필요도 없는 병 아니야?' 이렇게 생각한다면 감염증 마니아로서 자격이 없다(이 책을 읽는 데 있어서 자격이 꼭 필요한 건 아니지만).

내가 꼽은 세계 3대 감염증은 결핵, 에이즈, 말라리아다. 이 3가지 감염증은 지금도 전 세계에서 매년 100만 명에 이르는 사람들의 목숨을 앗아간다.

말라리아에 걸린 주인공, 소설 《지지 않는 태양》

야마자키 도요코의 소설 《지지 않는 태양》 첫머리에서 주인공이 걸리는 병이 말라리아다. 오들오들 오한과 전율이 일어나고, 그 후 고열에 시달린다. 감염병 교과서에 나올 법한 말라리아의 발열 증상이다. 발열 이외에도 환자는 빈혈, 두통, 혈소판 감소, 비장이 비상식적으로 커지는 등의 증세를 보인다.

말라리아의 원인인 말라리아 원충은 얼룩날개모기류에 속하는 암컷 모기에 의해서 전파되는데, 파충류, 조류, 포유류 등의 혈액 속에 기생한다.

해외에서 '나쁜 공기'가 수입되다

말라리아는 외국에서만 일어나는 병이라고 단정지어서는 안 된다. 일본에서는 현재 말라리아가 발생하지 않지만, 일본에서도 해외에서 들어온 사례가 발견되었기 때문이다. 대체로 연간 40~100건 정도의 말라리아가 일본에서 발견되고 있다. 전국에서 연간 한 건씩은 나온다는 뜻이다. 고베대학병원에서도 매년 한두 건 정도 말라리아 환자를 진찰한다.

한국에서도 수많은 환자가 발생하고 있다. 1979년에 말라리아 퇴치를 선언했으나, 1993년에 재출현해 환자가 지속해서 발생하고 있다. 환자의 89퍼센트는 휴전선 접경지역에서 발생했다.

학질모기가 옮기는 원충 감염증인 '말라리아'는 옛 이탈리아어로 '나쁜 공기'를 뜻하는 'malaria'에서 유래했는데, 원충 감염증이라는 사실을 로널드 로스가 밝혀낸 것은 비교적 최근의 일이다(원충은 세균이 아니기 때문에 말라리아의 학명은 이탤릭체로 쓰지 않는다). 로스는 이 사실을 발견해냈다는 업적으로 1902년에 노벨상을 받았다.

참고로 오스트리아의 야우레크도 1927년에 노벨상을 받았는데, 매독 치료에 말라리아 감염을 이용한 공적을 인정받은 덕분이다. 말라리아에 감염되면 40도 가까이 심한 열이 난다. 이것이 매독균을 죽이기 때문에 매독 치료에 말라리아를 활용했던 것이다. '눈에는 눈, 독에는 독'이라는 것인가.

백신은 말라리아 대책을 바꿀 수 있을까?

세계 3대 감염증(결핵, 에이즈, 말라리아)에는 모두 효과적인 백신이 없다. 결핵에는 BCG가 있지만 효과는 한정적이라 미국 등 많은 나라들에서는 이 백신을 사용하지 않는다.

말라리아 원충도 타깃이 되는 항원이 변화를 거듭하며 약삭빠르게 살아남는 속성이 있어서 효력 있는 백신을 개발하지 못했다.

그러나 최근 임상실험에서 소아 말라리아를 절반으로 줄일 정도로 효과적인 백신의 존재가 확인되어 주목받고 있다. 미래에 이 백신이 아프리카나 아시아의 말라리아 대책을 크게 변화시킬지도 모른다.[주1]

주1   First Results of Phase 3 Trial of RTS, S/AS01 Malaria Vaccine in African Children: N Engl J Med 365: 1863–1875, 2011.

공식 용어는 '폐렴간균'

클렙시엘라 뉴모니아
Klebsiella pneumoniae

끈적끈적
여기저기에 달라붙고,
오래도록
남아 있을 거야!
왜 그럼 안 돼?

정말
골치 아파!

샛별?

클렙시엘라 뉴모니아(폐렴간균)

클렙시엘라 뉴모니아(폐렴간균)는 1882년에 칼 프리드랜더(Carl Friedländer)가 분리한 세균이다. 세균의 감염 원리에 대한 많은 연구를 했었던 세균학자인 에드윈 크렙스(Edwin Krebs)의 이름을 따서 붙였다고 한다.

학술용어는 '폐렴간균'이지만…?

'폐렴간균'이라는 이름이 있지만, 현장에서는 보통 '클렙시엘라 뉴모니아'라고 부른다. 권위 있는 학술용어와 임상 현장에서 부르는 이름이 다를 때가 있다.

예를 들어 일본에서는 진균인 크립토코쿠스(Cryptococcus)는 학술적으로 크립토코쿠스가 맞고, 혐기성균인 박테로이데스 프라질리스(Bacteroides fragilis)는 박테로이데스 프라길리스가 맞다고 한다. 하지만 일본의 임상 현장에서 '크립토콕쿠스'나 '프라길리스'를 둘 다 써 본 적도 없을 뿐더러 주변 의사 중에 그렇게 말하는 사람도 본 적이 없다.

이렇게 아무도 쓰지 않지만 학술적으로 맞는 용어가 많다는 것은 일본의 학술계(감염증 분야 말고도)가 우물 안 개구리라는 뜻이 아닐까? 말은 살아 있는 것이고, 따라서 감염병 전문가들이 주로 사용하는 언어가 학술용어와 일치해야 한다고 생각한다. 그렇지 않으면 '학술적으로 바른 말'로 자료를 검색하지 않아서 지금 당장 필요한 정보를 얻지 못하는 엉뚱한 상황이 벌어진다.

주인공은 아니지만 임상 분야의 샛별

클렙시엘라 뉴모니아는 사실 폐렴의 원인 치고는 조연급에 속한다. 그러나 존재감이 없지는 않은 감초 같은 조연이다. 복부 감염증도 일으키고 요로감염의 원인도 되기 때문이다. 또한 친척 격인 클렙시엘라 라이노스클레로마티스는 코 경화증이라는 끔찍하고 독특한 병의 원인이 되기도 하고, 클렙시엘라 옥시토카가 항균제가 간접적인 원인이 되는 출혈성 장염을 일으킨다는 사실도 최근에 화제가 되었다.[주1]

클렙시엘라 뉴모니아는 현미경으로 보면 조금 큰 그람음성간균으로, 구강과 위장에 존재하는 장내세균의 일종이다. 주위에 큰 협막이 보이는데 이 협막의 비중이 크므로 클렙시엘라 뉴모니아 때문에 폐렴이 생기면 가래가 끈적거리고 무거운 느낌이 든다. 이름 그대로 폐렴의 원인으로 유명한데, 우폐 상엽에 폐화농증이 생기면 무거운 클렙시엘라 뉴모니아의 침윤영(浸潤影) 때문에 상엽이 아래로 밀려나오는 형상이

인정될 때가 있다(bulging fissure sign).[주2]

클렙시엘라 뉴모니아 세균의 세포껍질 바깥에 존재하는 협막(capsule)에도 '유형'이 있는데, 그중 격투기 대회나 무기 이름이 생각나는 'K1' 타입이 최근에 주목을 받고 있다. 원래부터 끈적끈적한 클렙시엘라 뉴모니아가 더 끈적끈적해져 배지에서 실타래를 만들어낸다. 병원성이 높아서 농양 등을 일으키기 쉽다고 한다.[주3]

원래 면역이 약한 환자의 감염증 원인으로 유명했는데, 요즘에는 특히 병원 내에서 일어나는 미생물 감염의 원인으로 주목 받고 있다. 클렙시엘라 세균들은 다양한 항생제에 내성을 나타낸다. 그래서 항생제 사용에 매우 신중해야 한다. 미국에서는 KPC 산생균이 문제가 되었는데, 이는 중증의 세균 감염을 치료하는 데 사용하는 항생제 카바페넴까지 내성을 보여 심각했다.

임상 연구 분야에서 클렙시엘라 뉴모니아는 그야말로 떠오르는 샛별이다. 아직도 연구할 것들이 무궁무진하다.

주1 Högenauer C, Langner C et al: Klebsiella oxytoca as a causative organism of antibiotic−associated hemorrhagic colitis: N Engl J Med 355: 2418−2426, 2006.

주2 Marshall GB, Farnquist BA et al: Signs in thoracic imagining: J Thorac Imaging 21: 76−90, 2006.

주3 Andrea V, Andrea C et al: Appearance of Klebsiella Pneumoniae Liver Abscess Syndrome in Argentina: Open Microbiol J5: 107−113, 2011.

쌀뜨물 같은 대량의 물찌똥을 누면

콜레라균
Vibrio cholerae

네놈의 정체는
바나나 모양의
간균일 텐데.

맞는
말씀이긴
한데, 그래서요?

콜레라균

콜레라는 콜레라균이라는 그람음성균이 일으
키는 설사성 질환이다. 증상은 '쌀뜨물' 같은 물
기가 많은 설사로 인해 중증의 탈수가 빠르게
진행된다. 콜레라균을 환자의 변 속에서 처음으
로 발견하여 글로 쓴 사람은 필리포 파치니인
데, '비블리오 콜레라(Vibrio cholerae)'라는 콜
레라균의 이름도 그가 지었다. 그러나 30년 후
인 1884년에 이 균만 따로 분리하는 데 성공한
독일의 세균학자 로베르트 코흐에 비하면 그는

거의 무명인이다. 안타깝구려, 필리포.

'콜레라' 하면 O1과 O139

콜레라균을 분류하기란 까다롭다. 왜냐하면 분
류 기준이 몇 개나 되는데, 이것도 쓰고 저것도
쓰기 때문이다. A군 용련균과 같은 상황이다
(22페이지 참조).
먼저 혈청형으로 나눠 보자. 콜레라균을 혈청

학적으로 분류하려면 편모인 H항원과 균체인 O항원이 있는데, H는 무시하고(자세히 설명하기 어려우니) O만 보겠다. 이 O항원은 놀랍게도 200종류 이상이 있지만 신경 쓰지 말자. 병원성[주1]이 강하고 집단감염을 일으키는 O1과 O139[주2]만이 임상적으로 의의가 크다. 또한 오래된 책에는 'O1, 비O1'이라고 분류돼 있는데, 여기서 비(非)O1이 바로 O139이다. 지금도 이 호칭을 쓰는 사람이 있어서 가끔 헷갈린다.

그뿐이 아니다. O139에도 유전학적으로는 여러 가지 변형이 있는데, 이야기가 더 복잡해지니 아쉽지만 넘어가자.

O1은 3가지 혈청형과 2가지 생물형으로 다시 분류된다. 생물형이란 여기서는 형태나 유전자적 차이가 없으면서 표현형만 다른 것이라는 정도만 알고 넘어가길 바란다.

O1의 3가지 혈청형이란 이나바(Inaba), 오가와(Ogawa), 히코지마(Hikojima)를 말하는데, 모두 일본인 이름이다. 임상적으로 병원성 등에 별다른 차이가 없는데다가 다른 혈청형으로 변할 때도 있다고 하니, 아는 거를 자랑할 때 말고는 외워야 할 필요가 없는 지식이다.

생물형(生物型)은 고전형(아시아형)과 엘토르 콜레라형으로 분류된다. 이 둘은 감염병 전문가로서는 구분해서 알아둬야 의미가 있으며, 엘토르형이 중독증상이 더 가볍다.

아이티에서 대지진 이후 대유행한 콜레라

2010년 1월에 아이티에서 대지진이 일어났고 25만 명 이상이 목숨을 잃었다. 게다가 엎친 데 덮친 격으로 그 해 10월부터 콜레라가 크게 유행했다. 50만 명 이상이 콜레라에 걸렸고, 약 1만 명이 사망했다.

사실 처음부터 아이티에 콜레라균이 존재했던 것은 아니다. 원래 가난하고 의료 자원도 적은 나라인데, 겪어 본 적도 없고 잘 알지도 못하는 감염병이 유행했으니 그 피해는 어마어마했다. 이때 유행한 콜레라균은 O1이고 혈청형은 오가와(Ogawa), 생물형은 엘토르(El Tor)였다. 아마도 외국에서 사람의 손(혹은 배설물)에 의해 전염되었다고 추측되는데, 어디로부터 콜레라균이 왔는지 확실히 밝혀진 바는 없다.[주3][주4]

주1   병원성이란 감염체가 전염을 통해 숙주에 감염하여 병을 일으키는 능력.
주2   1992년에 O139 혈청형을 가진 콜레라균이 나타나 '신형 콜레라'로 주목받았다.
주3   Chin CS, Sorenson J et al: The origin of the Haitian Cholera Outbreak' Strain: N Engl J Med 364: 33–42, 2011.
주4   2016년, 국제연합은 충분한 조치를 취하지 못했다며 아이티에 사죄했다.

시가 기요시가 발견했다고 해서

시겔라균(적리균)
Shigella

예방이
최고지!

올바른
손 씻기

제가
시가 선생님의
진정한
자식이라고
할 수 있죠.

적리균,
이질균이라고도
해요.

시겔라균

의학계에는 사람 이름에서 따온 병 이름이 가득하다!?

2011년에 미국 류마티스학회는 '베게너 육아종증(Wegener's granulomatosis)'으로 불리던 병 이름을 앞으로는 '육아종증 다발혈관염(granulomatosis with polyangiitis)'으로 변경하겠다고 발표했다.[주1] 베게너가 과거에 나치스와 관련이 있었다고 하여 그 이름을 쓰지 않기로 한 것이다. 그 이전에도 '라이터증후군'(Reiter's syndrome)으로 불렸던 병 이름을 라이터가 나치스 밑에서 인체 실험을 했다는 이유로 학명에서 그의 이름을 제외시킨 적이 있었다.[주2]

이런 흐름 때문에 사람 이름이 들어간 병명을 없애자는 의견도 있다. 이외로 이름으로 지어진 병명이 많기 때문이다. 다카야스병(Takayasu-Disease)^{주3}이나 척 스트라우스(Churg-Strauss) 증후군^{주4} 등이 있다.

이처럼 이름이란 원래 지어질 때의 역사를 모두 짊어진다. 뜻깊은 상표나 역사적 인물의 이름을 대물림하는 것도 그런 이유 때문이다.

의학 분야에서 이름이란 단순한 기호가 아니다. 그래서 나는 이런 식으로 세월의 흐름에 따라 병명을 없애거나 이후에 원리를 따져 바꾸는 태도를 좋아하지 않는다.

애초에 인물이 세운 공적과 그 인물이 저지른 개인의 불미스러운 일은 구별해서 생각해야 한다. 나치스에 가담했든 하지 않았든, 그 인물의 수고와 노력은 인정하자는 거다. 베게너나 하이데거도 그런 식으로 이해해야 하며, 잘 따져서 논의해야 한다고 생각한다.

시겔라속 4종에도
각각 사람 이름이

세균 이름에도 사람의 이름을 많이 썼다. 앞서 나온 클렙시엘라도 그렇다.

일본인 시가 기요시의 이름을 딴 세균의 이름이 시겔라균(Shigella)이다. 이는 적리(赤痢)의 원인균으로 유명해 적리균이라고도 불린다.

적리란 급성 전염병인 이질의 하나로, 배가 답답하게 느껴지거나 점액과 혈액이 보이는 변이 나오거나 열나는 증상이 있는 질환이다. 설사는 변이 무르고 물기가 많은 상태로 배설된다. 일반적으로 '세균성 적리'를 가리키며 시겔라균이 원인이다.

'아메바 적리'라는 것도 있는데 이는 원충 때문에 생긴다. 헷갈린다, 헷갈려. 감염병 전문가인 나도 공부할수록 어렵다.

복잡한 머릿속을 더 헤집어 볼까? 병원성이 있는 시겔라속으로는 시겔라 디센테리(Shigella dysenteriae), 시겔라 플렉스너리(Shigella flexneri), 시겔라 소네이(Shigella sonnei), 시겔라 보이디(Shigella boydii)로 4종류가 있다. '디센테리'는 '적리(혈액이 섞인 설사를 일으키는 병)'라는 병명에서 따온 세균 이름인데, 시가 적리균(시가이질균)이라고도 부른다.

'플렉스너리'는 미국인 플렉스너에서, '소네이'는 덴마크인 손네에서, '보이디'는 미국인 보이드에서 따온 이름이다. 의학계에서 사람 이름을 다 지워 버리면 다음 세대 사람들은 어쩌면 큰 혼란에 빠질지도 모른다.

주1 Falk RJ et al: Ann Rheum Dis 2011 Apr 70(4) 704. Granulomatosis with polyangiitis (wegener's): an alternative name for wegener's granulomatosis.
주2 새로운 명칭은 '반응성 관절염(reactive arthritis).'
주3 대동맥염증후군. 1908년에 다카야스 미키토가 보고했다.
주4 1951년에 척(Churg)과 스트라우스(Strauss)에 의해 보고되었다.

치주염의 원인균
아그레가티박터 액티노마이세템코미탄스
Aggregatibacter actinomycetemcomitans

네가 바로 치석이구나!

이것만 장만하면 우리 생활도 몰라보게 안정될 거야.

생물막, 다시 말해 세균막이야.

아그레가티박터 액티노마이세템코미탄스

아그레가티박터 액티노마이세템코미탄스라는 세균은 이름이 너무 길고 어려워서 알기도 전에 진이 빠진다.

감염증이란 흥미롭게도 다양한 의료 영역과 관련이 있다. 내과, 외과, 메이저과(환자의 생명을 다루는 과), 마이너과(환자의 생명과 직접적 관련이 없는 과), 방사선과, 병리 진단, 검사부, 약제부, 간호부…. 이렇게 다양한 영역에 있는 사람들이 함께 일을 한다. 공부할 범위도 넓어서 분자생물학같이 작은 것을 연구하는 영역부터 역학, 보건학 등 넓은 범위에서 연구하는 학문, 나아가 철학이나 수리과학까지 관련이 있다.

따라서 두루두루 광범위하게 공부할 수 있는 호기심이 있어야 감염병 전문가가 될 수 있다.

치주질환의 원인균으로 유명

감염증은 치과 영역과도 관계가 있다. 그러나 치주질환을 감염증 의사가 치료하는 일은 없기 때문에 나는 원래 그와 관련한 지식이 없는 상태였다. 그래서 야마모토 히로마사 선생의 《치주 항균 요법》을 공부하기로 했다. 전문 분야가 아니다 보니, 정말 모르는 말투성이었다.

아그레가티박터 액티노마이세템코미탄스(너무 길어서 A.a.로 부르겠다)는 치주질환의 원인균으로 유명하다. 전에는 액티노바실러스 액티노마이세템코미탄스(Actinobacillus actinomycetemcomitans)라고 불렸는데, 심술궂은 미생물학계에서 이름을 바꿨다. 원래도 어려웠는데 더 외우기 어려워졌다.

병원성이 강한 a형, b형
심내막염은 페니실린으로 치료

감염증 박사들 사이에서는 이 균이 그람음성균이자 심내막염의 원인이 되는 HACEK 그룹[주1] 중에서 'A'로 알려져 있어서 사람들은 자주 아시네토박터(Acinetobacter)와 아그레가티박터(Aggregatibacter)를 헷갈린다. 입속에 생기는 균이기 때문에 심내막염의 원인이 되는 것도 충분히 이해가 간다.

지그문트 소크란스키 박사는 세균을 크게 6개 그룹으로 분류하면서 치주질환의 진행에 따라서 특정 그룹의 세균이 많아진다는 것을 밝혀냈고, 진행이 많이 된 상태에서 많이 나타나는 세균의 그룹을 레드군(red complex)[주2]과 오렌지군(orange complex)이라고 이름 붙였다. A.a.는 여기에 속하지 않지만, 병원성이 강하다는 인식이 있다.

A.a.는 혈청형에 따라 a~e형으로 분류된다. 그 중에 특히 a형, b형은 병원성이 강해서 내독소, 백혈구 독성이 있는 류코톡신, 세포 독성 팽창성 독소를 갖고 있다.

A.a.가 심내막염을 일으켰을 때는 페니실린으로 치료한다. 그러나 항균제만이 병을 낫게 하는 것은 아니다. 치주질환은 치주의 생물막 자체를 물리적으로 제거하는 것이 중요하다. 주머니 안에 생물막이 덮인 치석을 제거하는 기술을 치근활택술(scaling and root planing:SRP)이라고 부른다. 치주질환에 대한 항균제 치료에 관해서는 증명이 부족해서 잘 모른다는 사실을 《치주 항균 요법》을 읽고 알았다.

주1   잇몸병과 관련된 박테리아 H.parainfluenzae, H.aphrophilus, H.paraphrophilus, H.influenzae, A.actinomycetemcomitans, C.hominis, E.corrodens, K.kingae, and K.denitrificans의 첫 글자를 따서 HACEK 그룹이라 한다.
주2   P.gingivalis, T.forsythensis, T.denticola.

진드기가 옮기는 인수공통전염병

라임병 보렐리아
Lyme disease *Borrelia*

그런 걸
부정수소라고
한 대.

보렐리아   보렐리아
가리니   아프젤리

몸도 무겁고
어디가
아픈 것 같은데
병은 없대.

라임병은 사람이 진드기에 물려서 보렐리아균이 신체에 침범하여 여러 기관에 병을 일으키는 인수공통전염병이다.[주1] 즉, 사람과 동물 모두에게 감염된다는 뜻이다.

라임병은 사슴이나 들쥐 같은 야생동물도 감염된다. 옛날에는 인축공통전염병이라고 불렀는데, 이런저런 어른들만의 사정이 있어서 이름이 바뀌었다. 물론 나는 이렇게 이름이 바뀌는 것

을 좋아하지 않는다.

홋카이도에서
보고 건수가 가장 많았지만…

라임병이라고 하면 '라임' 과일 때문에 청량한 이미지가 떠오르는데, 그냥 최초로 발견된 곳의 이름일 뿐이다. 1976년에 미국 코네티컷주 라

임 지방에서 많이 발생한 약년성 관절 류마티즘의 질환으로 보고되었는데,[주2] 나중에 감염이 전염된다는 사실이 밝혀졌다.

유럽 여러 나라에서는 이미 20세기 초부터 참진드기에 물리는 일이 잇따라 발생하여 만성유주성홍반, 만성위축성선단피부염 등이 알려져 있었다.[주3]

서양에서는 그러한 사례가 연간 수만 건이나 된다고 하는데, 일본에서는 연간 5~15건 정도밖에 보고되지 않는다. 특히 일본의 북쪽 섬인 홋카이도에서 보고가 많고, 가장 큰 섬인 본토에서는 중부 산악 지대에 많다고 한다.[주4] 그러나 실제로는 본토나 남쪽 섬인 규슈에서도 보고가 되었고,[주5] 내가 사는 효고에서도 과거에 보고된 사례가 있었다. 최근에 1건이 발견되었다고 해서 찾아보고 알았다. 홋카이도에서 발생 보고가 많았던 이유는 '조사를 하기 때문에'라는 견해가 있다. 다른 곳도 조사해보면 나오리라 생각한다.

이동성 만성홍반은 마치 과녁 모양

임상 증상은 참진드기에게 물린 상처가 며칠~몇 주에 생기는 제Ⅰ기(초기 작은 부위에 국한된 국소감염), 몇 주~몇 개월에 생기는 제Ⅱ기(여러 곳에 퍼지는 파종성 감염), 그리고 몇 개월~몇 년에 생기는 제Ⅲ기(후기 지속성 감염)로 진행된다.

초기에는 피부 발진, 관절 증상, 신경 증상이 주로 나타난다. 제Ⅰ기에 많이 보이는 이동성 홍반은 가로 길이가 20센티미터 정도 되는 타원형으로 흰색, 붉은색, 흰색 순으로 마치 과녁 같은 모양이 특징이다.

또한 증상이 나타나고 6개월이 지나면 '만성 라임병'이라고 부를 때도 있다. 이때는 두통, 근육이나 뼈가 아픈 증상, 집중력이 떨어지고 잠이 오지 않는 증상, 감각에 이상이 생기는 증상 등 어딘지 안 좋은 것 같기는 한데 의학적으로 문제가 없다고 보이는 다채로운 증상이 나타난다. 따라서 이 질환을 콕 짚어 진단하기가 어렵다. 안면 신경마비도 라임병에서 자주 보이는 소견인데, 신경계를 침범하여 뇌수막염이나 뇌염을 일으키기도 한다.[주6] [주7]

뉴욕에 살던 시절에는 자주 봤었는데 일본에서 또 보리라고는 생각도 못 했다. 선입견이란 정말 위험하다.

주1 가와바타 마사토: 라임병: 진단과 치료, 98: 1325–1329, 2010.

주2 Steere AC, Malawista SE et al: Arthritis Rheum 20: 7–17, 1977.

주3 Steere AC: Borrelia burgdorferi: Churchill Livingstone, 3071–3081, 2010.

주4 바바 슌이치: 라임병의 임상과 보험 진료의 과제: 의학이 가는 길, 232: 141–143, 2010.

주5 Hashimoto S, Kawado M et al: J Epidemiol 17(Suppl): S48–55, 2007.

주6 Ackermann R, Hörstrup P et al: Yale J Biol Med 57: 485–490, 1984.

주7 Pachner AR, Steere AC: Neurology 35: 47–53, 1985.

물 주변에서 발견되니 파충류도 주의

에드워드시엘라 탈다균
Edwardsiella tarda

동물마다
병 이름이
다르네.

파충류의
장 속에
항상 있는
균이야.

에드워드시엘라 탈다균

에드워드시엘라 탈다균, 정말 복잡한 이름이다! 다양한 해수어와 담수어(장어, 넙치, 금붕어, 참돔, 역돔 등)가 숙주[주1]다. 뿐만 아니라 포유류, 양서류에서도 나타난다. 인간에게도 피해를 주는 인수공통전염병균이다.

처음 이름은 '세균 1483-59호'!?

에드워드시엘라 탈다균은 장내세균군에 속하는 그람음성간균이다. '장내세균군'이란 장 속에 있는 대장균 등의 그룹을 말하고, '그람음성간균'이란 광학 현미경으로 붉게 보이는 세균을 말한다.

'이건 뭐, 에드워드 씨가 발견했겠죠?'라고 생각했더니 사실은 유잉 씨 팀이 1965년에 처음으로 발표한 세균이었다.[주2] 그들은 당시 유명했던 세균학자 P. R. 에드워드의 이름에서 따와 균 이름을 지었다고 한다.

탈다균의 '탈다(tarda)'란 라틴어로 '느리다'라는 뜻인데 균의 활동성이 부족(구체적으로는 탄수화물의 발효성이 부족)해서 붙여졌다. 처음에는 '세균 1483-59호', '아사쿠사 그룹', '바살라뮤 그룹' 등 여러 가지 이름으로 불렸는데, 의논 끝에 에드워드로 결론이 났다고 한다.

관상어나 거북에게서 감염되기도

에드워드시엘라 탈다균은 물과 관계가 있는데, 자연 상태의 물 주변에 많이 산다. 민물에서 발견된다는 문헌[주3]도 있고 민물과 바닷물에서 모두 발견된다는 문헌도 있다.

양생류, 파충류, 어류에 붙어 있는 경우가 있는데, 가끔 애완 관상어나 거북에게서 감염될 때도 있다. 그래서 감염증 환자가 어떤 동물을 키우는지 질문하는 것이 아주 중요하다(거북은 살모넬라도 유명하다).

그리고 익히지 않은 생선이나 새우에 붙어 있는 경우도 있어서 해산물을 먹은 후에 감염되었다는 보고도 있다.

인간에게는 거의 병을 일으키지 않지만, 가끔은 장염이나 균혈증, 농양, 관절염 등 이런저런 감염증을 일으킬 때도 있다.[주4] 또한 동물에게도 감염증을 일으키는데, 메기에게 기종성 농양, 펭귄에게 만성 장염, 뱀장어에게 간농양, 신농양 등도 일으킨다고 한다.

항균제를 잘 받아들이는 성질이 있어서 치료에는 페니실린 계열이 이용될 때가 많다.

'감염증을 자주 일으키지 않고 항균제들이 대부분 효과가 있으니 신경 안 써도 되지 않을까?'

이렇게 생각하면 오산이다. 한 번 감염증을 일으키면 증상이 심각해지기 때문이다. 가령, 균혈증의 사망률은 50퍼센트에 이른다고 한다. 원래 열대지방이나 아열대지방에서 자주 발견되는 균이었지만 최근에는 온대지방에도 발견된다. 온난화 탓일까? 이건 나의 개인적인 생각이다.

주1 기생 또는 공생하는 생물체에 영양분을 공급하는 동식물 개체.

주2 Ewing WH et al: Int Bull Bacteriol Nomencl Taxon 15: 33-38, 1965.

주3 Ota T et al: Intern Med 50: 1439-1442, 2011.

주4 Janda JM, Abbott SL: Clin Infect Dis 17: 742-748, 1993.

불똥꼴뚜기를 아주 좋아하는

선미선충
Spiruroid

선미선충이면

너, 벌레 아냐?

퍽 퍽 퍽

균사전

무더위가 코앞으로 다가온 초여름 날, 나는 어느 스페인 레스토랑에서 저녁을 먹었다. 메뉴는 '불똥꼴뚜기 아히요.'

'아히요'란 해산물 등을 올리브오일과 마늘로 튀기듯 끓인 맛있는 요리다. 이 요리에 불똥꼴뚜기를 쓰는 나라는 일본밖에 없을 듯한데, 정말 궁합이 잘 맞는다.

불똥꼴뚜기는 익혀서 초된장에 무쳐서 먹어도 맛있지만, 생으로 먹어도 맛있다. 그러나 시중에 나오는 불똥꼴뚜기는 대부분 한 번 냉동한 다음 해동해서 슈퍼에 진열된다. 왜 그럴까? 그것은 기생충 감염증을 막기 위해서다.

'타입 X' 유충은 로봇 만화가 아니다

불똥꼴뚜기에 딱 맞는 기생충이 있다(엄밀히

따지면 불똥꼴뚜기에만 맞는 것은 아니지만). 바로 선미선충이다.[주1] [주2] 정확히는 '선미선충 타입 X 유충'이라고 부른다. 여기서 X는 로마 숫자 10(텐)이라서 '타입 X'는 '타입 텐'이라고 읽는다. 선미선충은 13종류가 있는데, 그중 10번째가 병을 잘 일으킨다.

보통 기생충은 종숙주(기생충이 성충의 시기를 보내는 숙주)나 성충 등 평생을 어떻게 사는지를 분류할 수 있는데, 선미선충은 유충 시기와 그 기생 대상(중간 숙주)만 알 수 있다. 그래서 임시로 선미선충 타입 X이라고 이름 붙인 것이다.

선미선충은 '피부 유충 이행증'이라고 해서, 기생충이 피부를 꼼지락꼼지락 기어 돌아다님으로써 병을 일으키기도 한다. 또한 장에 기생해서 심하게 배가 아프거나 장이 막히는 원인이 되기도 한다. 따라서 갑자기 심한 복통을 일으키는 급성 복증으로 착각해서 배를 가르는 수술을 할 때도 있다고 한다.

가열 또는 냉동 처리로 감염 예방

감염을 예방하려면 불똥꼴뚜기의 내장(선미선충의 감염 부위)을 제거하거나, 익히거나, 혹은 앞서 말했듯이 냉동 처리하면 된다. 그러나 몸집이 아주 작은 불똥꼴뚜기의 내장을 제거한다는 이야기를 들어본 적은 없다. 아히요는 익힌 음식이기 때문에 괜찮다.

참고로 고등어에서 감염되는 유명한 기생충인 아니사키스(회충 비슷한 선충)도 냉동하면 죽는다. 네덜란드인은 유럽인들 중에서도 특이하게 날생선을 먹는다. 청어를 익히지 않고 초에 절여서 머리부터 먹는데, 아니사키스 위험이 있기 때문에 한 번은 꼭 고등어를 냉동하도록 정해져 있다.

주1 〈불똥꼴뚜기를 날로 먹어서 생기는 선미선충 유충 이행증의 발생 동향〉, 1995~2003(감염증 정보센터 홈페이지 http://idsc.nih.go.jp/iasr/25/291/dj2911.html).

주2 〈선미선충증〉(감염증 정보센터 홈페이지 http://idsc.nih.go.jp/idwr/kansen/k01_g1/k01_14/k01_14.html).

광어회를 먹었다면

쿠도아충
Kudoa septempunctata

쿵쿵!

열어!

신종 기생충
주의!

EXIT

일본에서는 2012년 7월부터 소의 간을 생으로 팔지 않도록 금지하고 있다. 간에 들어 있는 장관 출혈성 대장균이 감염증을 일으킬 우려가 있기 때문이다. 이제는 전설의 맛이 되고 말았다. 먹는 고기나 채소, 해산물도 마찬가지지만, 재료를 날것으로 먹을 때는 위험이 따른다. 그러나 날것에 대한 위험을 줄이고자 이런 식으로 식품에 판매 제한을 두면 나중엔 음식의 선택폭이 점점 줄어들지 않을까?

광어회 식중독, 그 원인은?

최근에 광어회를 먹은 후에 설사나 구토 같은 증상을 보인 사례가 보고되었다. 일본 국립의약품식품위생연구소의 조사에 따르면 2008~2010년에 날생선이 일으킨 식중독 사례 중 대부분은 광어회가 원인으로 보고되었다. 왜 광어회가 식중독을 일으켰을까? 조사 결과, 식중독의 원인으로 지금까지 알려져 있지 않았던 병원체가 밝혀졌다.

그것이 바로 신종 기생충, 쿠도아충이다. 쿠도아충은 점액포자충이라 불리는 생물인데, 해파리나 산호와 비슷한 친구다.[주1] 포자를 만들고, 그것을 점액이 둘러싸고 있어서 점액포자충이라고 한다. 이것이 생선의 근육, 특히 광어에 기생할 때가 있는데, 광어회 식중독 사례를 살펴봤더니 대부분 쿠도아충이 기생했다는 사실을 알 수 있었다. 그 후 동물 실험을 통해 쿠도아충이 설사를 일으키는 원인이 된다는 사실도 밝혀졌다.[주2]

다시 말해 광어를 익히지 않았을 때 근육 안에 쿠도아충이 있으면 식중독을 일으킬 위험이 있는데, 쿠도아충 감염에는 치료약이 없다. 농림수산부는 양식 광어를 검사해서 쿠도아충이 생긴 어린 물고기를 제거하는 계획을 세웠지만, 이러한 대책이 얼마나 효과가 있을지는 아직 분명하지 않고, 자연산 광어에 대해서는 위험을 막을 방법이 없다.

아직 어린이나 고령자, 임신부나 기저질환[주3]이 있는 사람에게 쿠도아충 감염증이 얼마나 더 위험한지는 연구된 자료가 없다. 쿠도아충 감염증에 대한 위험을 깨끗이 지우고 싶다면 광어회나 초밥을 먹지 말아야 하는데, 과연 그렇게 할 수 있을까?

새로운 병원체의 위험에 어떻게 맞서야 할까?

앞으로 쿠도아충 같은 새로운 병원체와 새로운 식품 안전에 대한 위험은 점점 더 증가할 것이다. 감염증 세계는 아직도 모르는 것투성이기 때문에 언제나 새로운 감염증이 존재한다는 인식이 옳다고 생각한다.

하지만 그럴 때마다 어떻게 위험과 맞서야 할지 곰곰이 생각해볼 필요가 있다.

사진 제공. 도쿄도 건강 안전 연구 센터.

주1 광어를 통해 쿠도아충의 일종이 일으킨 식중독 Q&A(농림수산부 홈페이지 http://www.maff.go.jp/j/syouan/seisaku/foodpoisoning/f_encyclopedia/kudoa_qa.html).

주2 Kawai T, Sekizuka T et al: Clin Infect Dis 54: 1046-1052, 2012.

주3 흔히 '지병'이라고 한다. 평소에 본인이 갖고 있는 만성적인 질병을 말한다.

SPACE의 일원

시트로박터 코세리
Citrobacter koseri

조만간 크게
한번 터뜨립니다.

우리가 나설
차례인가!

음, 사람들이 다
좋아할 에피소드가
없다는 건…
평범하다는 건가…

시트로박터
코세리

보통 '시트로박터'라고 말할 때는 시트로박터 프룬디균(Citrobacter freundii)을 가리킨다. 이 균은 그람음성간균이며 혈류감염의 원인으로도 알려져 있다. 흔히 '수생균'이라 불리며 물에 많이 사는 그람음성균인 'SPACE'의 일원이다. 시트로박터 코세리는 시트로박터 프룬디에 비해 유명하지 않다. 전에는 시트로박터 디베르수스(Citrobacter diversus)라고 했는데, 미생물학자들이 이름을 바꿨다. 신생아나 뇌외과 환자에게 수막염이나 뇌종양의 원인(원내 감염이 많다)이 되거나 고령자의 감염원으로도 알려져 있다.[주1] [주2] 보통은 항상 장 속에 살고 있다. 살모넬라로 잘못 아는 경우도 많고, 대장균 콜로니와도 비슷해서 헷갈린다.

시트로박터 프룬디와
닮은 듯하지만…?

시트로박터 코세리는 시트로박터 프룬디와 이름만 비슷하고 별로 닮지 않았다. 같은 시트로박터라고 해서 '비슷하겠지' 하고 얕보면 큰 코 다친다.

시트로박터 프룬디의 특징은 종종 AmpC를 과하게 낳는 균이라는 것이다. 이야기가 조금 어려워져서 독자에게 미안하지만, 이 AmpC가 상당히 중요하다!

AmpC란 베타락탐 계열의 약을 파괴하는 베타락타마제의 일종이다. 보통은 세균이 적은 양만 만들기 때문에 임상적으로는 문제가 되지 않는데, 항균제에 노출되면 대량으로 생산된다. 자꾸 툭툭 건드렸더니 화가 나서 폭발하는 아이처럼 말이다. 처음에는 감수성이 남아 있기 때문에 검사했을 때는 효과가 있는 듯한 착각에 빠진다. 이 AmpC 과잉 생산을 일으키는 대표적인 예가 시트로박터 프룬디인 것이다.

시트로박터 코세리도 시트로박터라서 당연히 AmpC를 과잉 생산하는 세균이겠거니 하겠지만, 그렇지 않다고 한다. AmpC는 앰블러(Ambler)로 분류되고 클래스C에 속하는 베타락타마제이지만, 시트로박터 코세리가 만드는 것은 클래스A의 베타락타마제다.

클래스A란 기본적으로 페니실린을 파괴하는 페니실리나아제의 친구이고, 그 때문에 대부분의 시트로박터 코세리는 페니실린에 내성을 가진다. 그러나 시트로박터 프룬디와 달리 베타락탐 계열인 세팔로스포린에는 비교적 내성이 없다(이번 이야기에는 어려운 이야기가 정말 많으니 외우려 하지 말고 그냥 읽어만 두자).

이렇게 세균들은 이름이 비슷해도 특징은 하늘과 땅 차이다.

다양한 내성을 가진 까다로운 세균

그래도 방심은 금물이다. 클래스A 중에는 무시무시한 다제내성(여러 가지 약물에 대하여 내성을 보이는 성질)을 만드는 ESBL(extended spectrum β-lactamase)이 있는데, 시트로박터 코세리에도 이것을 가진 아이가 있다. 게다가 감염증 박사라면 이름만 들어도 벌벌 떨 KPC나 NDM-1(New Delhi metallo-β-lactamase)…등, 하지만 일반 사람들은 "그게 뭐죠?"라고 물어볼 만한 내성 체제를 가진 아이도 있다. 시트로박터 코세리는 정말 알수록 까다롭다!

치료에 대해서도 전문가들 사이에서 의견이 갈린다. 1제로 치료해도 좋다는 의견이 있는가 하면, 아미노글리코사이드를 함께 끼워서 2제로 치료하는 게 낫다는 의견도 있다. 뭐가 맞는지 참 알쏭달쏭하다.

앞에서 설명 중에 이야기한 'SPACE'는 세라티아(Serratia), 슈도모나스(Pseudomonas), 아시네토박터(Acinetobacter), 시트로박터(Citrobacter), 엔테로박터(Enterobacter)다. 오늘 알게 된 나의 새로운 지식을 친구에게 자랑해보자! 이것이 무슨 말인지 아는 친구는 아마 한 명도 없을 것이다. 그냥 자랑하는 재미!

주1 Auwaerter P. Citrobacter koseri. In. ABX Guide(iPhone app)last updated August 24, 2011.

주2 Lin SY, Ho MW et al : Intern Med 50 : 1333−1337, 2011.

여러 가지 항균제에 내성이 있는

엘리자베스킹기아 메닌고셉티카

Elizabethkingia meningoseptica

사람과 사람 사이에
직접적으로 감염되지는
않지만 소독액 안에서도
팔팔해서 병원 내
집단감염이 특기지!

지켜라!

수막염
녀석이다!

응애

유산균

엘리자베스킹기아
메닌고셉티카

제목만 보고 기죽지 말자. 이번에는 열 번 읽으면 세 번은 발음이 안 되어서 버벅거릴 엘리자베스킹기아 메닌고셉티카다.[주1]

이런 용어는 한번에 이해하려면 더 어려울 수 있다. 원어명을 찬찬히 이해하면서 들여다보자. 그러면 오히려 더 쉬울 수도 있다. '복잡한 문제는 단순하게 나눠라'라고 데카르트는 말했다. 그러니 Elizabethkingia meningoseptica

도 나눠 보자. Elizabeth, kingia, meningo, septica……. 왠지 횡설수설 같던 주문이 이젠 조금 의미가 보이는 듯하다. 지금부터 천천히 이름에 대해 살펴보자.

유전자에 따른 분류로 이런 이름이!

이 세균을 발견한 사람은 엘리자베스 킹이라

는 미생물학자다. 그녀가 1959년에 발견한 이 그람음성균은 신생아에게 수막염을 일으키는 특징이 있었다. 그 다음으로는 패혈증을 잘 일으켰다. 그리고 드물게 성인에게 폐렴이나 수막염, 패혈증을 일으켰다. 수막염은 영어로 메닌지티스(meningitis)이고 패혈증은 셉시스(sepsis)라고 한다. 그래서 킹은 이 세균에 플라보박테리움 메닌고셉티쿰(Flavobacterium meningosepticum)이라는 이름을 붙였다. 그러다 1994년에 크리세오박테리움 메닌고셉티쿰(Chryseobacterium meningosepticum)이라는 이름으로 바뀌었다. '플라보(flavo)'는 라틴어로 노란색, '크리세오(chryseos)'는 그리스어로 노란색이라는 뜻이다. 둘 다 콜로니의 색깔을 표현한 것이다. '박테리움(bacterium)'은 물론 세균이라는 뜻이다(복수형으로 나타내면 박테리아(bacteria)).

예로부터 미생물은 형태나 생화학적 특징으로 분류되어 왔는데, 요즘에는 유전자로 분류하는 일이 많아졌다. 특히 리보솜 RNA를 자주 이용하는데, 이렇게 해서 이 세균은 다른 크리세오박테리움과 다르다는 사실이 밝혀졌고, 2005년에 다시 이름이 바뀌었다. 발견한 사람의 이름을 따서 '엘리자베스킹기아 메닌고셉티카'가 된 것이다. 정말 이름이 완성되기까지 참으로 긴 여정이었다.

참고로 엘리자베스 킹은 소아 관절염의 원인으로 유명한 킨겔라 킨캐 세균을 발견한 사람이기도 하다. 심내막염을 일으키기 쉬운 그람음성균은 5개가 있는데, 머리글자를 따서 HACEK[주2]라고 부른다. 여기서 K가 킨겔라다.

반코마이신이 효력을 나타내는 그람음성균!?

감염증 전문가들은 이 세균이 수막염이나 패혈증의 원인이 되기도 한다고 생각한다. 또한 대부분의 항균제에 내성을 보이는 것도 특징이다. 많은 그람음성균에 효과가 있는 카바페넴 같은 베타락탐계의 약에도 내성을 나타낸다.

그런데 아주 신기하게도 보통은 그람양성균에만 효과가 있는 반코마이신에게는 영향을 받는다. 그래서 '반코마이신이 효력을 나타내는 그람음성균은?'이라는 질문이 감염증 분야에서 시험 문제로 단골 출제된다.

아마도 주변 친구들에게 이런 질문을 하면 '천재'라는 이야기를 듣거나 '괴짜'라는 이야기를 들을지도 모른다.

주1   Steinberg JP and Burd EM: Other Gram-negative and Gram-variable bacilli: Mandell, Douglas, and Bennett's Principles and Practice of Infectious Diseases, 7th ed. : Churchill Livingstone, pp 3015-3033, 2009.

주2   Haemophilus, Actinobacillus, Cardiobacterium, Eikenella, Kingella로 5가지.

대중목욕탕에서
집단감염이 일어나기 쉬운

레지오넬라 뉴모필라
Legionella pneumophila

콜로니. 2-12

아무튼
귀찮은 균이야!

친구가 40명도
넘는다고 하는데
똑같은 일을 해서
그런지 보통은
한 덩어리로 취급해요.

레지오넬라 뉴모필라

1976년에 필라델피아에서 미국 퇴역 군인 집회가 열렸다. 거기서 221명이 원인 불명의 폐렴을 일으켜 34명이 죽음에 이르는 불가사의한 현상이 일어났다. 이 수수께끼의 병은 그때까지 알려져 있지 않았던 세균 때문에 생긴 감염증이었다. 범인은 바로 레지오넬라 뉴모필라다.[주1]

'리전(Legion)'이란 '퇴역 군인 모임'을 뜻하는 영어다. 옛날에는 책에 악성 폐렴의 일종인 '재향군인병(Legionnaire's disease)'이라는 이름으로 소개되기도 했다. 재향 군인이란 평소에는 다른 일을 하다가 비상시에 소집되어 국방의 의무를 다하는 예비군이나 은퇴 군인을 뜻한다.

감염증 역사에 기묘하게 얼굴을 내민 세균

같은 해인 1976년에 미국에서는 돼지 때문에 발생한 '신종 인플루엔자'도 유행했다. 그 당시

포드 대통령은 미국에서 대량 예방접종을 하기로 결정했는데, 그 배경에는 필라델피아에서 있었던 이 '수수께끼의 병'과 같은 새로운 유행이 번지는 것에 대한 두려움 때문이라고 한다(원인이 레지오넬라균으로 밝혀진 것은 1977년). 그 덕분에 이때는 인플루엔자가 유행으로 번지지 않았다. 하지만 예방접종 부작용이 생긴 탓에 대량 접종 정책은 실패로 막을 내렸다.

레지오넬라는 이처럼 생각지 못한 곳에서 감염증 역사에 얼굴을 불쑥 내밀었다.

의식 장애나 복통이 같이 오는 이상한 폐렴!?

레지오넬라균은 50도가 넘는 온탕에서도 죽지 않기 때문에 순환수를 쓰는 대중목욕탕에서 집단감염을 일으키기 쉽다. 또한 빌딩 옥상에 있는 냉각수, 가습기에서 감염되기도 한다.

레지오넬라균이 일으키는 병으로는 폐렴과 폰티악 열병이 있다. 임상 현장에서는 폐렴이 문제가 되는데, 일반 폐렴의 3퍼센트 정도를 차지한다고 한다. 의식 장애나 복통이 같이 찾아오는 경우가 많은, 조금 이상한 폐렴이다. 중증이 되기 쉬워서 사망률도 높다.

일반 배양검사에서는 발견되지 않기 때문에 이 균을 염두에 두고 검사를 해야만 찾을 수 있다. 또한, 만약 제대로 진단해도 의사들이 종종 사용하는 카바페넴 계열의 항균제가 치료 효과를 보지 못해 치료에 실패하고 사망에 이르는 경우도 있다.

그에 비해 폰티악열병은 말 그대로 열 증상

이 주로 있는 병인데, 이유는 모르겠지만 항균제가 없어도 저절로 낫는다. 참고로 폰티악(Pontiac)은 이 병이 유행한 미시간 주 폰티악에서 따온 이름이다. 이 병은 전부터 알려져 있었지만, 리케차 감염[주2]이라고 오해를 받았다. 나중에서야 1940년대의 검체에서 레지오넬라균이 검출된 것이다. 아직도 폰티악열병이 몸에 어떤 영향을 주는지는 밝혀진 바가 별로 없다.

아주 드물게 폐 이외의 다른 부위에 증상이 나타날 때도 있다. 최근에 레지오넬라균 때문에 다리에 봉와직염이 온 환자를 본 적이 있다. 우연히 해본 레지오넬라 소변 항원 검사에서 양성이 나와서 피부 생체검사와 배양검사를 했더니 레지오넬라균이 검출되었다. 그렇게 확정 진단에 이르게 되었다. 이런 식으로 우연히 진단되는 경우가 있다. 정말이지 "세균, 너 저리 가!"라고 외치고 싶다.

주1 리케차과에 속하는 세균류를 말한다. 주로 진드기나 벼룩과 같은 절지동물을 매개로 사람에게 감염을 일으킨다. 쯔쯔가무시병, 발진티푸스, 발진열 등의 원인 세균이다.

주2 Edelstein PH and Cianciotto NP: Legionella. In: Mandell, Douglas, and Bennett's Principles and Practice of Infectious Diseases, 7th ed.: Churchill Livingstone, pp 2969-2984, 2009.

제

3

실험실

폐에 병을 일으키는

아스페르길루스
Aspergillus

우리 주변에

저렇게나 많다니!

우와!

누룩곰팡이

아스페르길루스 푸미가투스

진균(곰팡이) 중의 하나인 아스페르길루스에 대해 이야기해보자.

아스페르길루스 하면 누룩곰팡이?

곰팡이를 통틀어서 진균이라고 부른다. 미생물학적으로 진균과 세균은 핵막이 있는가, 없는가 하는 형태학적 속성이나 생화학적 속성으로 그

차이를 구별할 수 있다. 임상학적으로 진균과 세균의 감염증은 행동 성향이 다르다.

진균은 크게 효모균과 사상균으로 나눌 수 있다. 엄밀히 따지면 이것이 다는 아니지만, 크게 따진다면 이렇게 나누는 게 이해하기 좋다. 영어로는 각각 이스트(yeast, 효모균)와 모드(mold 또는 mould, 사상균)라고 한다.

효모는 반질반질 번쩍번쩍하며, 사상은 까칠까

칠 퍼석퍼석하여 형태에 차이가 있다. 정말이다. 임상의학적으로는 효모균의 왕이 칸디다, 사상균의 왕이 아스페르길루스다.

만화 《모야시몬》의 팬들은 아스페르길루스 하면 누룩곰팡이(아스페르길루스 오리제, A. 오리제)[주1]를 떠올릴 것이다. 많은 효소를 생산하여 된장이나 간장, 청주 등 우리 생활에 꼭 필요한 식품을 만들 때 도움이 되는 균이다. 누룩곰팡이가 쌀(전분)을 당으로 분해하고, 그 당을 사카로미세스 세레비시아(효모균)가 알코올로 바꿔서 청주를 만든다.

폐에 여러 가지 병을 일으키는 균

아스페르길루스에는 아스페르길루스 푸미가투스(Aspergillus fumigatus), 아스페르길루스 플라부스(Aspergillus flavus), 아스페르길루스 니둘란스(Aspergillus nidulans), 아스페르길루스 테레우스(Aspergillus terreus) 등이 있다. 임상적으로는 아스페르길루스 푸미가투스가 가장 많이 발견된다.

아스페르길루스는 주변 환경 속에 존재하며 이것을 빨아들이면 감염된다. 뇌종양이나 관절염, 심내막염 등 다양한 병의 원인이 되는데, 폐에 병을 일으키는 경우가 압도적으로 많다. 감염증 마니아가 아니라면 '아스페르길루스는 폐에 병을 일으키는 균'이라고 외워도 좋다.

그러나 나는 '폐아스페르길루스증'이라는 말을 좋아하지 않는다. 아스페르길루스는 위치로 따지면 폐에 존재할 때가 많긴 하지만 다양한 병을 일으키는 균이기 때문이다.

기본적으로 아스페르길루스가 폐에 일으키는 병은 3가지(+1가지)가 있다. 먼저, 알레르기성 아스페르길루스증(allergic bronchopulmonary aspergillosis: ABPA)은 아스페르길루스에 대한 알레르기 반응으로 천식과 비슷한 증상을 일으킨다. 엄밀히 따지면 감염증이 아니기 때문에 기본적으로 스테로이드로 치료한다.

두 번째인 아스페르길루스종(aspergilloma)은 결핵이나 사르코이드시스로 생긴 공간에 아스페르길루스가 정착하면서 점거하게 된다. 이 역시 엄밀히 따지면 감염증이라고 하기 어려운데, 대부분은 증상이 없지만 가끔 기관지 동맥에 큰 출혈을 일으킬 때가 있다. 증상이 없으면 경과를 지켜보고, 출혈이 일어나면 그것을 막는 수술을 해서 물리적으로 피를 멈추게 하는 방법이 기본이다.

세 번째로는 화학요법 후에 면역력이 약해진 사람에게 일어나는 침습성 아스페르길루스증(invasive aspergillosis: IA)이 있다. 이 병이 진정한 감염증이며 목숨이 달린 중요한 병이다. CT나 혈액 검사로 열심히 진단하고 항진균약으로 최선을 다해 치료한다.

그리고 만성 괴사성 아스페르길루스증이 있는데, 이 병은 까다롭고 어려워서 생략하겠다.

주1   만화 《모야시몬》의 주인공인 사와키의 집에서 온 상징적인 세균 캐릭터.

나무 스틱으로 문지르면 떨어지는
칸디다
Candida

《모야시몬》에서 왔습니다!

앗, 제가 이 이야기의 주인공입니다.

당신은 누구?

칸디다 알비칸스

칸디다 에첼시

된장

칸디다 베르사틸리스

우리는 효모로서 양조에 참여하고 있어요.

와인

칸디다 스텔라타

앞서 사상균의 왕인 아스페르길루스를 이야기 했기 때문에 이번에는 효모균의 왕인 칸디다에 대해 이야기를 하겠다.

사람이나 동물의 입안, 피부 등에 존재하며, 정상 상태에서는 인체에 무해하지만 항생물질을 장기 사용하거나, 인체가 면역에 대한 저항력이 약해졌을 땐 몸속에서 이상번식을 하여 칸디다증을 일으킨다. 아이에게서는 '기저귀 발진'

이 많이 나타나고, 성인에게서는 칸디다 구각염(입꼬리에 부스럼이 나고 갈라져서 생기는 염증)도 자주 보이는데, 헤르페스나 비타민 부족 때문으로 잘못 진단하기 쉽다.

구강 칸디다증도 의외로 잘 놓친다. 의사가 입속을 진찰할 때 목만 볼 때가 많은데, 볼 안쪽 점막을 보면 칸디다가 또렷이 하얗게 보이는 경우가 많다. 칸디다는 나무 스틱으로 문지르면 떨어진다는 특징이 있다. 그리고 맨눈으로 곰팡이가 보이지 않아도 구강 칸디다증일 때가 있어서 미각 장애의 큰 원인이 된다. '하얗지 않아도 칸디다'인 것이다.

여성이 감기에 걸려 항균제를 지나치게 먹으면 생식기 쪽이 가려울 때가 있는데, 그것은 질 내에 항상 있어야 할 좋은 균이 죽어서 생기는 칸디다 질염이다.

'카테터 감염'은 카테터 감염이 아니다

목숨이 달린 심각한 칸디다 감염은 심재성 감염증, 즉 몸의 깊숙한 곳까지 세균이 들어가 생기는 감염증이다. 최근에는 대부분 카테터(몸 안 장기 속 내용액의 배출을 측정하기 위해 사용하는 가는 관) 관련 혈류감염이 보이는데, 면역력이 약해진 환자가 아니더라도 수술을 마친 환자에게서 자주 볼 수 있다.

'카테터 감염'은 카테터가 감염된 것이 아니라, '카테터 관련 혈류감염'을 줄여서 말하는 것이다. 따라서 혈액이 세균이나 바이러스에 감염된 것이지, 카테터가 감염된 것은 아니다. 그래서 혈액 배양검사가 필요하다.

카테터는 이물질이라서 미생물이 종종 붙어 있기는 하지만 이것이 감염의 원인인지는 알 수 없다. 따라서 카테터 끝의 균을 배양하는 것은 임상적으로 전혀 도움이 되지 않는 검사다.

칸디다 감염에서도 당연히 혈액 배양검사가 필수다. 그러나 아쉽게도 칸디다에 대한 혈액 배양의 감도는 부족해서 이렇게만 해서는 균을

찾아 내지 못할 가능성도 있다. 따라서 진균 마커인 베타글루칸 등으로 검사를 보완한다. 그러나 베타글루칸도 주폐포자충 폐렴처럼 치료의 방향성이 완전히 다른 감염증에서도 상승하기 때문에 감염증 진단은 참 어려운 일이다.

가래나 소변에서 검출되어도 지레짐작은 금물

칸디다 혈증(칸디다균이 혈액 내에 존재하는 것)은 10~20퍼센트의 확률로 안내염(안구내염)이 같이 오기 때문에 안과 진료가 꼭 필요하다. 눈 쪽에 조치를 취하지 않으면 실명하는 경우도 있다. 그리고 심내막염이 합병증으로 오기 쉬워 심초음파 검사, 특히 경식도 초음파 검사가 필요할 때도 많다. 칸디다 심내막염은 치료하기가 어려워서 대부분은 수술 적응을 한다는 사실을 알아두길 바란다.

반대로 칸디다 폐렴이나 칸디다 요로감염은 완전히 없지는 않지만 지극히 드물다. 가래나 소변에서 칸디다를 발견해도 그것을 감염증이라고 지레짐작하지 않는 것도 중요하다.

칸디다는 임상 현장에서 잘못 진찰하는 경우가 종종 있기 때문에 설명이 길어졌다.

3대 진균 감염증

크립토콕쿠스
Cryptococcus

너 정말
못됐구나.

면역력이나
체력이 떨어진
사람만 골라서
공격하는
기회균이야.

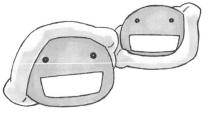

크립토콕쿠스

진균 3부작[주1] 중 마지막을 장식할 균은 크립토콕쿠스다. 학술용어로는 크립토콕쿠스라고 표기하는 듯한데, 의사들은 크립토코쿠스라고 흔히들 말한다.

임상 현장에서는 아스페르길루스와 칸디다를 가장 많이 본다. 크립토콕쿠스는 그 둘과 비교하면 빈도가 확 떨어진다. 그러나 잊을 만할 때면 나타나서 강렬한 한 방을 날리기 때문에 '3대 진균 감염'에 넣고 싶었다.

수막염의 수액검사에서
처음 압력은 높은 편

크립토콕쿠스 하면 뇌·수막염이 자연스레 떠오른다.

수막염에서 단구(거대한 백혈구)가 우위인 백혈구 상승, 단백 상승, 당 저하가 나타나면 3가지를 원인으로 생각할 수 있다. 결핵, 크립토콕쿠스, 그리고 리스테리아. 이들을 생각해내지 못하면 잘못 진찰하는 원인이 된다. 나는 결핵성 수막염과 크립토콕쿠스 수막염을 각각 한 번씩 놓치는 바람에 뼈아픈 실수를 한 적이 있다. 그 후 두 번 다시 놓치지 않겠다고 다짐했다.

크립토콕쿠스 수막염은 대부분 면역이 약해진 사람에게 잘 나타난다. 가령 에이즈 환자나 스테로이드 복용자다. 그러나 가끔 면역 억제 질환이 없는 환자에게서도 나타난다. 그래서 진찰을 주저하는 것이다.

발병도 환자에 따라 다르게 나타난다. 에이즈 환자가 가벼운 두통 증상을 보여 가볍게 생각했는데, 알고 보니 수막염인 경우가 많다. 스테로이드 복용자는 더 뚜렷하게 수막염 증상(두통, 발열, 수막 자극 증상)이 나타나는 경우가 많다. 수막염이니 당연히 수액검사를 하는데, 초압 측정을 잊어서는 안 된다(종종 잊어버리지만). 크립토콕쿠스는 거의 모든 사례에서 초압이 상당히 높다. 크립토콕쿠스는 효모균이지만 균 주위에 다당류 협막을 갖고 있다는 특징이 있다. 이것이 끈적끈적 무거운 수액이 되는 원인이며, 수막염의 초압이 높아지는 이유이다.

뇌압이 높아져 두통이 이어질 때는 치료 목적으로 수액 채취를 반복해 압력을 줄여야 할 때도 있다. 수액검사를 할 때는 반드시 초압을 재도록 하자.

먹물 염색으로 다른 진균이나 혈구와 구별

현미경으로 수액을 먹물 염색(미국 등에서는 '인디아 잉크'라고 한다)하면 크립토콕쿠스에서 협막이 빠져 희끄무레하고 동그란 것이 균 주변을 덮고 있는 것이 보인다. 이것으로 칸디다 같은 다른 진균이나 백혈구 등의 혈구와 구별할 수 있다.

그런데 왜 인디아 잉크라고 하는지 인터넷으로 찾아봤더니, 원래는 중국에서 기원전 3000년 정도에 발명된 것이라고 한다. 후에 그 잉크 염색을 인도에서 수입하게 되었다고 해서 이 이름이 붙여졌다고 한다. 참고로 영국에서는 인디안 잉크라고 쓴다고 한다.

임상적으로 중요한 크립토콕쿠스의 원인균은 크립토콕쿠스 네오포르만스(Cryptococcus neoformans)지만, 크립토콕쿠스 가티(Cryptococcus gattii)를 더 기억해두자. 이 곰팡이에 감염되면 뇌수막염을 잘 일으키므로 치사율이 높고, 특히 에이즈 환자들이 잘 감염되며 역시 치명적이다.

주1　아스페르길루스. 칸디다. 크립토콕쿠스.

야산에 들어갔다면 물린 자국을 찾아라

오리엔티아 쯔쯔가무시
Orientia tsutsugamushi

진드기는
무서워!

작고 위험한
생물이야!

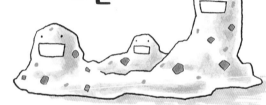

오리엔티아 쯔쯔가무시

오리엔티아 쯔쯔가무시균은 쯔쯔가무시증의 원인균이며 털진드기를 매개로 하여 사람을 감염시킨다. 진드기가 사람을 무는 순간 진드기에서 서식하고 있던 쯔쯔가무시균이 사람에게 옮겨와 감염이 되는 것이다.

일본어로는 '작고 위험한 생물'이라는 뜻의 '쯔쯔가무시'를 사용하여 이름 붙였다.

일본에서 쯔쯔가무시증을 일으키는 쯔쯔가무시는 붉은 쯔쯔가무시, 방패 쯔쯔가무시, 굵은 털 쯔쯔가무시 등 3종류가 있다.

쯔쯔가무시증의 원인은 벌레 안에 있는 세균

오리엔티아 쯔쯔가무시는 처음엔 리케차속(Rickettsia genus)으로 분류되었으나 1995년에 종류가 나뉘면서 오리엔티아 쯔쯔가무시가 되었다.

쯔쯔가무시증은 정해진 지역에서만 유행하는데, 그 지역들을 '쯔쯔가무시 삼각지대'라 부른다. 시베리아 지역을 북쪽 꼭짓점, 솔로몬해나

북오스트레일리아를 남쪽 꼭짓점, 파키스탄이나 아프가니스탄을 서쪽 꼭짓점으로 하는 삼각형의 지대다.

오리엔티아 쯔쯔가무시라는 세균을 가지고 있는 털진드기의 유충이 사람을 물 때 오리엔티아 쯔쯔가무시균이 사람의 몸속으로 들어간다. 그리고 발열, 관절염, 발진 등 다양한 증상을 일으킨다. 내버려 두면 사망에 이르기도 하는 아주 무서운 병인 데다가 진단을 잘못하면 치료를 실패하는 경우가 많다. 치료에는 독시사이클린 등 테트라사이클린계 항생제를 쓴다.

겨울~초봄에 야산에서 물린다

진단은 야산에 들어간 적이 있는지를 확인해서 판단한다. 쯔쯔가무시는 집진드기처럼 실내에는 없기 때문에 기본적으로 야산에 들어가서 물리는 일이 많다. 도시에 살면 이 병을 거의 볼 수 없다. 계절로 보면 대체로 겨울에서 초봄에 많이 있다.

그러나 북쪽 지방에서는 초여름에도 보일 때가 있다. 일본의 북쪽 지방에서 대지진이 일어났을 때 피난자 가운데 이 감염증에 걸린 사람이 보고되었다.[주1]

그리고 물린 자국을 봐야 한다. 까만 딱지처럼 물린 상처에 발진이 하나 있다는 특징이 있다. 털진드기에 물린 상처인 괴사딱지는 아프지도 않고 가렵지도 않아서 환자는 느끼지 못하기 때문에 진찰할 때는 구석구석 확인해서 찾아야 한다. 다리나 배에 있으면 금세 발견하지만, 종종 성기 주변 부위, 겨드랑이 및 피부가 접히는 사이, 어깨뼈 부위 등 찾기 어려운 곳에 있으니 조심해야 한다.

오리엔티아 쯔쯔가무시는 그람음성균이지만, 실제로 환자에게서 세균을 검출하기란 어려워서 보통은 혈청 진단을 한다.

쯔쯔가무시증 유행지역이나 유행 기간에 야외 활동을 할 때는 진드기 유충의 접근을 막을 수 있는 화학약품을 옷에 바르거나 피부에 방충제를 발라 감염을 예방해야 한다.

이 병은 다른 사람에게 전파하지 않기 때문에 환자를 격리하지 않아도 된다.

주1 Iwata K: Journal of Disaster Research 7: 746-753, 2012.

임신부는 특히 조심

풍진 바이러스
Rubella virus

틈만 나면
파고들어 난리를
피우는 우리~

유행이란
그런 거지.

어머나!

풍진 바이러스

풍진은 예방접종이 보급되면서 많은 나라에서 '이제 사라진 감염증'이 되었는데, 여전히 아시아에서는 유행하는 것이 현실이다. 나도 최근에 외래 진료에서 성인 풍진을 진단했다.

임신부가 감염되면
선천 기형이 될 우려도

풍진은 홍역과 구별하기가 의외로 어렵다. 둘다 발열, 발진 증상이 있다. '독일 홍역'이나 '3일 홍역'이라고 불릴 정도다. 홍역이나 성홍열과 다른 병이라는 사실은 1881년에 밝혀졌다.[주1] 홍역에 비하면 증상이 가벼울 때가 많아서 가벼운 발열, 가벼운 발진, 가벼운 림프절 부음, 가벼운 관절통으로 어중간한 증상이 많다.

그러나 풍진을 얕봤다가는 큰 코 다친다. 임신부가 감염되면 신생아에게 영향을 줄 가능성이 있기 때문이다. 백내장, 녹내장, 뇌수막염, 난청,

선천성 심질환 등을 일으킨다(선천성 풍진증후군). 임신부가 임신 11주 내에 감염되면 선천성 기형을 일으킬 확률이 90퍼센트다. 기형아가 생기는 가장 큰 원인 감염증이 풍진일 정도다.

임신 전에 예방접종하기

풍진은 백신으로 예방할 수 있지만, 생백신이라서 그 자체가 선천성 풍진증후군의 원인이 되기도 한다. 따라서 임신부에게 풍진 백신을 접종하면 절대 안 된다. 그 말인즉슨, 임신 전에 예방접종을 해야 한다는 것이다. 미국의 예방접종자문위원회(ACIP)는 풍진 백신 접종을 받고 28일 동안엔 임신을 피하라고 장려한다.

우리나라에서 사용하고 있는 풍진 백신은 12개월 이상의 소아일 때 1회 접종하면 95퍼센트 이상에서 항체가 생긴다. 또한, 백신의 예방 효과는 백신 접종 후 15년이 지나도 90퍼센트를 넘는다고 보고되어 아마도 평생 지속되리라고 생각하고 있다. 그러나 소수에서는 항체가 생성되지 않을 수도 있다.

우리나라에서는 풍진의 유행을 막고 선천성 풍진증후군이 발생하는 것을 근절하기 위해 홍역, 풍진, 볼거리에 대한 예방접종인 MMR 백신으로 2회(12~15개월 및 4~6세) 접종하고 있다.

풍진의 전파는 비말에 의한 전파 또는 태아의 경우엔 태반을 통해서 어머니로부터 감염될 수 있다. 임신부가 임신 초기에 풍진에 감염될 경우엔 태아 감염을 일으킬 수 있다. 만약 가족 중에 환자가 있다면 접촉 이후 손 씻기에 유의하고 면역력이 없는 임산부와의 접촉을 막아야 한다.

풍진은 2군 법정 전염병으로 지정되어 있으며, 환자 및 의사는 해당 보건소에 즉시 신고해야 한다.

주1 Bellini WJ and Icenogle JP: Measles and Rubella Viruses, In Versalovic J et al(ed): Manual of Clinical Microbiology 10th ed: 1372–1387, 2011.

위산에 강해도 약으로 없앨 수 있다

헬리코박터 파일로리
Helicobacter pylori

약을 잘
먹어야겠어.

웬만하면
앞으로도
같이 살자.

약만 먹으면
위에서
사라져버리는
우리는 연약한
존재야.

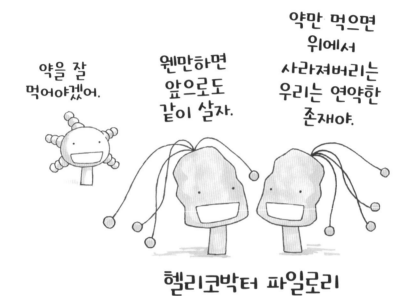

헬리코박터 파일로리

위에서는 위산이 나오기 때문에 미생물이 위에 들어가면 살아남기 어려울 거라고 누구나 추측한다. 그러나 1800년대에 병리학자들은 "위 속에서 세균을 발견했다"라고 잇따라 보고했다. 병리학자들은 20세기가 되면서 열심히 찾았지만 위에서 세균을 발견하지 못했다. 그래서 1950년대만 해도 "위 속엔 세균이 존재하지 않는다"라는 주장이 일반적이었다.

그런데 1980년대가 되면서 오스트레일리아의 의사 로빈 워런과 그의 조수 배리 마샬이 "위 속에는 세균이 있다. 그래서 위궤양이나 십이지장궤양이 생긴다"라고 주장하여 큰 화제가 되었다. 워런은 1970년대부터 위염 환자의 위 속에서 세균을 발견했기 때문에 그것이 질병의 원인이라고 판단했다.

위염 환자의 위에서
파일로리균을 발견

그러나 위 속에 세균이 있는 것과 그 세균이 병의 원인이 된다는 것은 다른 문제. 인과관계를 과학적으로 정확히 따지기란 쉽지 않은 일이었다. 결국 마셜은 직접 이 세균을 마셔서 급성 위염 증상이 일어난다는 사실을 증명했고, 내시경으로 아픈 곳을 확인해 균을 찾아냈다.

이 세균이 그 유명한 헬리코박터 파일로리다. 워런과 마셜은 이 공적을 인정받아 노벨 생리의학상을 받았다(2005년).

파일로리균은 나선 모양의 균이다. 파이 모양이라서 파일로리균이 아니라, 위장 속의 유문(pylorus) 부분에서 발견되었다고 해서 파일로리라고 한다. 헬리코박터는 위 상피조직에 사는 나선 모양의 세균이란 뜻이다.

제균의 보험 적용 확대,
위암을 예방할 수 있을까?

현재는 파일로리균이 위궤양, 십이지장궤양뿐만 아니라 위암이나 위말트림프종 등 다양한 질환의 원인이 된다고 알려져 있다.

파일로리균을 없애면 위궤양, 십이지장궤양, 그리고 위말트림프종을 치료할 수 있다. 림프종까지 나을 수 있다니, 매우 놀랍다. 그러나 아쉽게도 위암은 수술이나 화학요법 등 일반적인 암 치료가 필요하다.

그렇다면 "세균을 없애면 위암을 예방할 수 있는가?"라는 궁금증이 생길 것이다. 이에 대해

서는 메타분석(유사한 주제로 연구한 결과들을 종합적으로 재분석하는 방법)을 했는데, 제균군과 비제균군의 위암 발생률은 각각 1.1퍼센트와 1.7퍼센트로, 통계적으로는 의미가 있지만 뚜렷한 차이는 없었다.[주1] 결국 위암에 의한 사망을 세균 치료로 예방할 수 있는지는 아직 밝혀지지 않았다.

일본의 경우엔 2013년부터 만성 위염을 치료할 목적으로 파일로리균을 없애는 것에 대한 보험 적용이 확대되었다. 과연 정말 기뻐해야 할 결과인지는 잘 모르겠다.[주2]

파일로리균은 한 번 없애면 재감염 위험이 높지 않은데, 일본에서 재감염될 위험은 1년 후에 2퍼센트 이하라고 한다. 그러나 남미에서 있었던 최근 연구에서는 1년 후에 재발할 확률이 11.5퍼센트였다.[주3] 세균을 없앴을 때 인간의 생명에 미치는 장기적인 영향에 대해서는 좀 더 데이터를 쌓아야 할 것으로 보인다.

주1 Fuccio L, Zagari RM et al: Ann Intern Med 21: 121-128, 2009.
주2 JB PRESS, 2013.03.05.
주3 Morgan DR, Torres J et al: JAMA 309: 578-586, 2013. 참고 문헌 〈나카지마 도시오: 머리에 쏙 들어오는 파일로리균과 위암 이야기〉, 2013.

토양, 물 등에
골고루 존재하는 무성생식형

스케도스포룸
Scedosporium

슈달레세리아속
P. 보이디
유성생식형
(텔레오몰프)
개체 2개로 자손 만들기

· 사상균
· 토양 등에 널리 생식
· 슈달레세리아증의
  원인균

스케도스포룸속
S. 아피오스페르뭄
무성생식형
(아나몰프)
단일 개체로 자손을 낳는다

쑥쑥 커서
싹이 트고 또
쑥쑥 큽니다.

· 사상균
· 토양 등에 널리 생식
· 스케도스포룸증의
  원인균

원래는
똑같았는데.

불쑥

나도

쓰나미
폐렴의 원인도
그들
때문이에요.

스케도스포룸 프로리피칸스

스케도스포룸은 S. 아피오스페르뭄 (Scedosporium apiospermum)과 S. 프로리피칸스(Scedosporium prolificans)로 이루어지며, S. 아피오스페르뭄의 유성생식형(텔레오몰프)은 P. 보이디(Pseudallescheria boydii)라는 다른 이름을 갖고 있다. 무성생식형(아나몰프)은 S. 아피오스페르뭄으로, 스케도스포룸증의 원인균이다. 너무 복잡해서 두 손

두 발 다 들고 싶은 심정일지도 모르겠지만, 어려우면 그냥 읽기만 하고 지나가도 된다. 자신이 젊은 줄 아는 이 세균은 이름만 어렵고 다른 건 그렇게 어렵지 않다.

균종 '마두라족'으로 유명

토양, 물 등에 골고루 퍼져 있는 이 세균은 임상

의학적으로 문제가 되는 일이 거의 없다. 오래 결핵을 앓은 환자 등은 기관지경 검사를 하다가 우연히 발견하기도 하는데, 단순한 정착균으로 보고 무시해도 될 때가 많다.

스케도스포륨은 균종(mycetoma)을 만드는 것으로 유명하다. 고대 인도의 경전인 《아타르바베다》에도 기록이 남아 있는 이 질환은 진균이 만드는 덩어리, 주로 병 때문에 다리에 생기는 종양이다. 인도의 마두라 지방에서 처음 나타났다고 하여 마두라족(Madura foot)이라는 이름으로도 유명하다(임상 현장에서는 이 말을 더 많이 쓴다).

스케도스포륨 이외의 진균도 균종을 만들기 때문에 안 그래도 복잡한데, 방선균종이라는 비슷한 현상이 있어서 더 헷갈린다. 방선균종도 진균 때문에 생겼다고 추측되는 균종인데, 사실 액티노마이세스라는 세균(방선균) 때문에 생기는 감염증이다(160페이지).

'쓰나미 폐렴'의 원인균, '기회감염'에서 중증 사례도

스케도스포륨은 동일본대지진 때 '쓰나미 폐렴'의 원인으로 전문가들 사이에서 주목을 받았다.[주1] 토양에 존재하는 균을 숨 쉬면서 빨아들여 폐에 염증이 생긴 것이다.

근래 들어 면역 억제 환자를 중심으로 스케도스포륨이 파종성 감염을 했다거나 그와 함께 각 장기에 심부 감염이 있었다는 보고가 들어오기 시작했다. 잠복감염 상태에서 체내에 있던 스케도스포륨이 면역 억제 때문에 중증 감염증

을 일으키는, 이른바 '기회감염'이다. 백혈병 치료 중인 호중구 감소 환자나 선천성 면역 부전인 만성 육아종증(CGD)이나 죠브증후군(Job's syndrome) 환자, 고형 장기 이식 환자 등에게서 보고가 있었다.[주1]

사례가 많은 S. 아피오스페르뭄, 치료에 어려움을 겪는 S. 프로리피칸스

스케도스포륨의 중증 감염증은 경과가 좋지 않다. S. 아피오스페르뭄(스케도스포륨 아피오스페르뭄)이 사례가 더 많고 보리코나졸 등 항진균약이 효과를 볼 때도(적어도 시험관 내에서는) 많다. S. 프로리피칸스(스케도스포륨 프로리피칸스)에 딱 맞는 치료약은 없어서 치료에 어려움을 겪는다고 한다. 테르비나핀과 아졸, 암포테리신B와 펜타미딘 등을 같이 쓰는 치료법이 효과적일지도 모른다.[주2]

주1　Nakamura Y, Utsumi Y et al: J Med Case Rep 5: 526, 2011.

주2　Cortez KJ, Roilides E et al: Clin Microbiol Rev 21: 157–197, 2008.

공기 감염되는
유일한 헤르페스 바이러스

수두-대상포진 바이러스
Varicella-zoster virus

할 말은
다 하는구나!

앞으로도 변함없이
잘 부탁드려요~

우리의 목소리

아직 예방접종 안 한 친구는 어서 옮으렴

다 컸는데 아직도 예방접종을 안 하다니 신기한데?

한 번만 걸리면 다신 안 걸린대.

어릴 때 미리 해놔야지.

대책 없는 일본이 좋아요!

헤르페스는 집합성의 작은 수포를 특징으로 하는 급성 염증성 피부질환을 말한다. 인간에게 병을 일으키는 헤르페스 바이러스는 8종류가 있는데, 수두-대상포진 바이러스(VZV)가 그중 하나다. 공기로 감염되는 유일한 헤르페스이기 때문에 유행이 발생하기 쉽다.

헤르페스 바이러스에는 공통된 특징이 있다. 첫 번째로는 일차 감염과 재활성화가 있다는 것. 두 번째로는 한 번 감염되면 몸에서 완전

히 사라지지 않는다는 것(아마도)이다. 즉 "한 번 헤르페스는 항상 헤르페스(Once herpes, always herpes)"다. 참고로 헤르페스는 영어로 '허피스'라고 읽는데, 근대 라틴어로는 '피부 발진'이라는 뜻으로 바뀌었다.

피부를 꼼꼼히 살펴 진단한다

수두-대상포진 바이러스는 일차 감염 때 수두,

즉 온몸에 물집이 생기는 수포진을 일으킨다. 대부분 치료 없이 저절로 낫는다. 그리고 몇십 년 동안을 삼차신결절이나 후근신경절에 들러붙어 눌러앉는다. 그 후 나이가 들거나 스테로이드를 사용하여 면역력이 떨어지면 피부의 감각신경을 따라 발진을 일으킨다. 이것이 대상포진이다.

척추신경에서 피부에 영향을 미치는 범위인 피부분절(더마톰)을 따라 물집이 같이 생기는 따끔한 발진을 몸에서 발견했다면 진단하기는 쉽다. 네덜란드의 1차 치료 의사는 임상 진단의 정확도가 90퍼센트 이상이다.[주1]

그래도 10퍼센트 가까이는 잘못 짚을 때가 있으니 방심은 금물이다. 의사가 피부를 꼼꼼히 관찰해야만 한다. 어떤 통증을 호소하는 환자든 대상포진을 염두에 두고 피부를 확인하는 것이 중요하다.

발진이 생기지 않는 유형에 주의

발진이 생기지 않는 대상포진도 있는데, 이럴 때는 통증이 어떤지 보고 어림잡아 판단하는 수밖에 없다. 주된 증상이 두통, 흉통, 복통이라서 대상포진으로 진단하지 못하고 두통약이나 부스코판(진정제)을 처방해서 돌려보내는 환자가 의외로 많다.

진단이 늦어지면 치료도 효과를 보지 못한다. 보통은 증상이 나타나고 72시간 안에 항바이러스제를 투여해야 한다. 조기 치료를 하면 발진을 개선하거나 합병증인 헤르페스 후신경통을 줄이는 효과를 기대할 수 있다. 발라시클로비르(발트렉스®)와 팜시클로비르(팜비르®)로 치료하는데, 둘 다 효과는 비슷하다고 추측된다.[주2] 헤르페스 후신경통 예방에 스테로이드도 자주 처방되는데, 메타분석에서는 효과가 없다고 결론을 내렸다.[주3]

또한 삼차신경에서 각막이 손상되면 실명의 원인이 되기도 하기 때문에 그때는 반드시 안과 상담을 받아야 한다. 특히 코끝에 발진이 생겼을 때는 눈의 합병증을 의심해야 한다(허친슨 징후).

백신의 효과는 임상 시험에서도 나타났는데, 많은 나라에서 정기 접종을 하고 있다.[주4] 대상포진에도 백신이 있는데(대상포진 백신 조스타박스), 미국에서는 50~59세인 사람들에게 추천하고 있다. 백신 접종을 해서 플라세보(실제로는 독도 약도 아닌, 약리적으로 비활성인 약품을 약으로 속여 환자에게 주는 실험)와 비교하여 대상포진 발병률이 1년에 1,000명당 6.6명이었던 것이 2명으로 줄었다는 연구 결과가 있다.[주5] 일본은 그에 비하여 매년 보육원에서 수포진이 유행하고 있는 상황이다.

주1 Opstelten W, van Loon AM et al: Ann Fam Med 5: 305–309, 2007.

주2 Trying SK et al: Arch Fam Med 9: 863–869, 2000.

주3 Cochrane Database Syst Rev. 2008.

주4 Vázquez M, LaRussa PS et al: N Engl J Med: 344: 955–960, 2001.

주5 Schmader KE, Levin MJ et al : Clin Infect Dis 54 : 922–928, 2012.

자궁경부암의 원인 바이러스
인유두종 바이러스(HPV)
Human papillomavirus

남성도
맞아야 한대요.

어머!

HPv

요즘 들어 '이것 아니면 저것'이라는 이원론으로만 토론하는 사람들이 늘어난 듯하다. 《정의란 무엇인가》를 쓴 마이클 샌델의 영향일까? 예를 들면 "다섯 사람의 목숨을 구하기 위해 한 사람을 죽여야 하는가?" 같은 논제처럼 말이다. 그러나 둘 중 하나를 선택해야 하는 상황에 몰리지 않는 것이 중요하다. 사람이 궁지에 몰리면 지혜롭지 못한 선택을 하게 된다. 예전에는 피임 방법을 선택하는 문제에 있어서 "콘돔을 써야 하나, 피임약을 먹어야 하나?" 같은 논쟁

이 있었다. 그런 이야기는 사실 무의미하다. 둘 다 해본다는 선택도 할 수 있는데 말이다.

바이러스 타입에 따라
다른 병이 된다

인유두종 바이러스(HPV)는 성관계로 감염되는데, 대부분은 아무 증상도 일어나지 않는다. 그런데 가끔씩 인간에게 병을 옮긴다. HPV는 숫자에 따라 타입이 나뉘는데, 각각 다른 병을

일으킨다. 병은 '사마귀' 또는 '암'으로 크게 나뉘고, 그중에서도 음부 사마귀가 가장 많으며 HPV6, 11 등 10 이상인 타입이 이 병을 일으킬 수 있다. 암 중에는 자궁경부암이 가장 많으며, 이 역시 HPV16, 18 등 10 이상인 타입이 있다.

자궁경부암은 목숨을 위협하기도 하는 큰 병이다. 환자의 나이는 비교적 젊은데, 십대 환자도 본 적이 있다. 병의 중요도를 나이로 차이를 두냐는 비판이 있을지 모르겠지만, 어린이나 젊은 이가 죽음에 이르는 병에 걸리는 것과 고령자가 걸리는 것은 역시 감정적으로 영향이 다르다고 생각한다. 자궁경부암 예방은 국민의 총사망률이 낮아지는 데 기여한다는 의견도 들은 적이 있다.

콘돔을 사용하면 여성의 HPV 감염을 절반 이하로 낮춘다는 연구 결과도 있다.[주1] 각 나라에서는 암에 대한 요인을 관찰하고 조사하고 있어 침윤암(몸의 다른 조직으로 침투한 암)을 80퍼센트 이상 줄일 수 있다.[주2] 따라서 콘돔도 암 검진도 자궁경부암 예방에는 효과가 있지만, 위험이 완전히 사라지는 건 아니다. 실제로는 콘돔을 착용하지 않는 남성이 많고, 초기에 검진을 받으러 오지 않는 여성도 많다.

백신 부반응은
0.1퍼센트 미만이지만

이제 백신 이야기를 해보자. 자궁경부암 발병의 주된 원인은 인유두종 바이러스 감염이지만, 바이러스에 감염된다고 모두 암으로 연결되는 것은 아니다. 하지만 아직도 적지 않은 사망자를 내는 위험한 질환이다.

인유두종 바이러스는 120여 종의 유전형이 있는데, 그중 고위험군에 속하는 것은 15가지 정도다. 가장 대표적인 것이 16번, 18번 바이러스다. 이 사실 때문에 현재 두 종류의 백신이 실제로 쓰이고 있다. 16번, 18번 바이러스 예방에 대해서는 서바릭스®, 6번, 11번, 16번, 18번 바이러스 예방에 대해서는 가다실®이다.

현재 단계에서는 두 백신 모두 자궁경부암 그자체, 혹은 그로 인한 사망을 줄인다는 증거가 부족하다. 또한 일본에서는 부반응 보고가 다른 백신보다 더 많다는 문제가 있다.[주3] 이 백신은 앞으로 어떻게 해야 할까? 현 시점에서는 확실히 단언하기가 어렵다.

주1 Winer RL, Hughes JP et al: N Engl J Med 354:2645-2654, 2006.

주2 Makino H, Sato S et al: Tohoku J Exp Med 175: 171-178, 1995.

주3 일본 후생노동성 자료. http://www.mhlw. go.jp/stf/shingi/2r98520000032bk8-att/2r98520000032br2.pdf

손, 발, 입…
뿐만 아니라 엉덩이나 얼굴 등에도
콕사키 바이러스(수족구병)
Coxsackie virus

저자가 최근엔 바이러스에 관한 글을 쓴다며?

그런가 봐.

이 책보다 다른 이야기가 재미있나?

※ 2013년 시점

콕사키 바이러스는 엔테로바이러스속에 속한다. 엔테로바이러스는 피코르나 바이러스과에 속하는 바이러스군이다. 교과서처럼 어렵게 개념을 설명하면서 첫머리를 시작해 보았다. 역시 어렵다.

이 콕사키 바이러스는 병리학적 소견에 의해 A, B 2군으로 분류되는데, 거기서 또 A1이나 B2 같은 그룹으로 나뉜다(A는 1~22와 24, B는 1~6). 복잡하다, 복잡해. 참고로, 무슨 로봇 이름 같은 콕사키 A23은 나중에 '에코바이러스 9'로 바뀌었기 때문에 그 자리는 현재 비어 있다.[주1]

검체가 있던 마을 이름에서 유래

콕사키 바이러스는 수족구병을 일으킨다. 수

족구병은 영어로는 'hand-foot-and-mouth disease'라고 하는데, 참 정직한 이름이다.

그런데 영어로 'foot-and-mouth disease'라는 이름이 비슷한 병이 또 있다. '구제역'이라는 소 등 가축에게 생기는 병이다. 이 병은 구제역 바이러스 때문에 생기는데, 피코르나 바이러스과에 속하기는 하지만 수족구병과 완전히 다른 병이다. 구제역에 걸린 동물 때문에 수족구병이 걸리는 것은 아니니 오해하지 말자.

참고로 피코르나바이러스(picornavirus)는 이름이 깜찍한데, 피코(pico, 작다) RNA 바이러스라서 피코르나 바이러스라고 한다. 바이러스의 이름을 붙이는 방식은 이런 식으로 생각보다 간단하다.

우리가 지금 살펴보고 있는 콕사키 바이러스는 뉴욕에서 1940년대에 발견되었는데, 그 검체가 있던 마을이 미국 뉴욕 콕사키 마을이었기 때문에 그 이름이 되었다.[주2]

아이들에게 쉽게 집단 발생하지만 예방접종은 없다

수족구병은 비교적 증상이 가벼운 병으로, 물집이 여기저기 생긴다는 특징이 있다. 수두처럼 온몸에 퍼지는 것도, 단순히 헤르페스처럼 한 군데에 생기는 것도 아니고, 몸 여기저기에 하나씩 점처럼 존재하기 때문에 구별할 수 있다.

병 이름으로 미루어보아 손과 발과 입에 많이 생긴다는 사실을 추측할 수 있는데, 사실 엉덩이나 얼굴 등 다른 곳에도 발진이 생긴다.[주3] 그렇다고 해서 '수족구엉덩이얼굴병'이라고 할 수 도 없고 말이다.

어른이 걸릴 때도 있지만, 환자 대부분은 어린이다. 그렇게 심하게 아프지는 않고 열도 그렇게 높지 않다. 일주일 내에 대부분 다 낫는다. 그러나 예방접종이나 치료제가 없어서 유치원이나 어린이집 등에서 집단감염으로 번지기 쉽다.[주4] 우리나라에서는 수족구에 감염되었거나 그럴 가능성이 있으면 등교가 중지된다.

콕사키 바이러스는 수족구병 말고 다른 질환도 일으킨다. 예를 들자면 헤르팡지나가 있다. 이 병은 입 안에만 물집이 생기고 열이 나지만 며칠 안에 낫기 때문에 수족구병과 다르다.[주5] 수족구병은 제4급 감염병으로 분류되며 관련 기관에서 감염병 유행 여부 조사를 통해 관리하고 있다.

주1 http://virology-online.com/viruses/Enteroviruses5.htm

주2 요코하마 시 감염증 정보센터에서. http://www.city.yokohama.lg.jp/kenko/eiken/idsc/disease/entero1.html

주3 Habif : Clinical Dermatology, 5th ed : Mosby, 2009.

주4 동경 시 감염증 정보센터에서. http://idsc.tokyo-eiken.go.jp/diseases/handfootmouth/

주5 동경 시 감염증 정보센터에서. http://idsc.tokyo-eiken.go.jp/diseases/herpangina/

흑사인가 혹사인가

페스트균
Yersinia pestis

대단해!

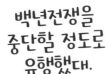

백년전쟁을
중단할 정도로
유행했대.

으악!

옛날에는 '팬데믹' 하면 '페스트'

페스트는 페스트균의 감염에 의하여 일어나는 급성 감염병이다. 알베르 카뮈의 소설 《페스트》가 유명하다.

프랑스어로 페스트는 'La peste'라고 하고, 영어로는 'The Plague'라고 하는데, '프라하에서도 유행했었나?'라고 생각했다면 영어를 조금 더 열심히 공부하자. 체코의 수도 프라하는 'Prague'다. '그걸 누가 몰라' 하는 소리가 들리는 듯하다. 사실 나는 몰랐다. 참고로 페스트라는 이름은 독일어로 'Die Pest'에서 왔다.

팬데믹(세계적 유행)이라고 하면 요즘에는 인플루엔자(독감)를 떠올리지만, 옛날에는 페스트가 대세였다. 기록에 남아 있는 첫 페스트 팬데믹은 6세기경이다. 이집트에서 발생한 페스트는 지중해로 퍼졌고, 동로마제국을 덮쳤다.

두 번째 팬데믹은 14세기인데, 페스트가 유럽 전역을 휩쓸면서 유럽 인구가 20~30퍼센트 정도나 줄었다.

페스트균을 발견한 사람은 프랑스의 세균학자 알렉상드르 예르생이다. 들쥐 등의 동물이 병원 보유체(보균동물)인데, 이것을 벼룩이 물고 그 벼룩이 사람도 물어서 감염이 이루어지는 경우가 많다. 중세 유럽은 하수도가 정비되어 있지 않아서 매우 비위생적이었다. 쥐나 벼룩이 번식하기 쉬워서 페스트가 유행하는 발판을 마련했던 것이다.

지금도 세계 각지에서 발생하는 '흑사병'

쥐를 물었던 벼룩에 사람이 물려 페스트균에 감염되면 팔다리의 림프절이 아주 크고 아프게 부어오르는 특징이 있다. 이를 '선페스트'라고 한다. 옛날에는 림프절을 내분비선이라고 생각했기 때문에 이런 이름을 지었다.

비말의 흡입으로 폐로 감염되면 폐렴으로 번진다. 이를 '폐페스트'라고 한다.

감염 관리 면에서 선페스트는 사람 간에 감염되지 않지만, 폐페스트는 기침으로 비말 감염하여 쥐가 없어도 사람끼리 유행이 번진다. 그래서 감염자는 반드시 격리해야 한다. 같은 세균이라도 대응책이 다르다.

페스트균이 감염된 조직에는 염증과 함께 작은 핏덩이가 생기고 혈액순환이 끊긴다. 그러면 조직이 죽어서 손발 등이 새카매진다. 이러한 병

의 증상 때문에 흑사병(the Black Death)이라 불린다. 혹독하게 일을 시키는 것은 '혹사'라고 하니 헷갈려서 틀리지 않기 바란다.

'설마, 사람의 손과 발이 새카매진다니, 본 적도 없으면서…' 하고 생각하는 사람도 있겠지만, 나도 본 적이 있다. 일본에서는 희귀한 페스트가 지금도 세계 여러 나라에서 발생하고 있으며 미국 같은 선진국에서도 서부 지역에서는 가끔 환자가 발생한다. 내가 진찰한 환자는 애리조나에서 온 여행자였다.

치료 증거가 없는 사연 구균
에어로콕쿠스(산소성알균)
Aerococcus

내가 좀
알아봤는데 말이야,
너희들
참 존재감이 없다.

뭐라고?

에어로콕쿠스 비리단스

화제의 세균은 '에어로'가 아니라…

최근에 에어로콕쿠스라는 균 이야기를 자주 듣는다. 나는 그동안 '아에로콕쿠스'라고 말했었는데, 이 글을 쓰면서 찾아봤더니 '에어로콕쿠스'였다. 《도다 신세균학》(개정 34판)에 그렇게 나와 있다.[주1]
《도다 신세균학》에는 고작 네 줄짜리 설명만 나와 있는 에어로콕쿠스인데, 그중에서 임상적으로 중요한 것이 에어로콕쿠스 비리단스다.

에어로콕쿠스 비리단스는 스트렙토콕쿠스가 아니다

'비리단스' 하면 스트렙토콕쿠스(연쇄상구균)가 생각나는데, 스트렙토콕쿠스 비리단스는 알파 용혈해서 배지가 녹색으로 보이는 균을 통틀어 일컫는 말이고 스트렙토콕쿠스 비리단스는 세균 이름이 아니라서 이탤릭체로 쓰지 않는다. 현재는 스트렙토콕쿠스 미티스, 스트렙토콕쿠스 안지노수스, 스트렙토콕쿠스 살리바리우스, 스트렙토콕쿠스 무탄스, 스트렙토콕쿠스 보비스 중 앞의 3개를 '비리단스'라고 부르는 일이 많다.

스트렙토콕쿠스 안지노수스는 옛날에 스트렙토콕쿠스 밀레리라고 불렀는데, 고름을 만들기 쉬운 그룹이다. 이것들도 세균 이름이 아니라 그룹 이름이고, 그중 세균 몇 개가 각각 포함되어 있으며 폐렴구균은 사실 스트렙토콕쿠스 미티스 그룹에 속하는데… 아, 설명하기 어렵다. 감염병 전문가만 알아도 되니 이쯤에서 넘어가자.

드물게 요로감염증이나 심내막염의 원인이 된다

에어로콕쿠스는 임상 현장에서는 거의 볼 일이 없는데, 아주 가끔 눈에 띄니 참 성가시다. 그것도 심내막염처럼 치료하기 힘들고 번거로운 병의 원인이 되기 때문에 방심할 수가 없다.

에어로콕쿠스는 스트렙토콕쿠스 비리단스나 장구균과 형태상 닮았지만, 세균 4개가 나란히 줄지어 있는 것이 특징이다(사연구균).

에어로콕쿠스 우리내는 요로감염과 관련된 박테리아다('Urinae'는 소변(urine)이라는 뜻). 이는 에어로콕쿠스 비리단스와 마찬가지다.

에어로콕쿠스 우리내(Aerococcus urinae)는 PYR(L-pyrrolidonyl-β-naphthylamide) 검사 음성이고, LAP(leucine aminopeptidase) 검사 양성이다. 에어로콕쿠스 비리단스는 반대로 PYR 검사 양성이고 LAP 검사 음성이다. 참고로 PYR도 LAP도 모두 양성인 것이 장구균이다. 에어로콕쿠스 비리단스는 산소가 없는 상태에서는 자라기 어렵다는 특징도 있다.[주2]

또한 둘 다 아주 드물게 심내막염을 일으키기도 하는데, 혈액 배양이 양성이 됐을 때는 조심해야 한다. 에어로콕쿠스 때문에 심내막염에 걸리면 사망률도 높다고 한다.[주3] [주4]

페니실린을 쓰거나, 페니실린과 아미노글리코사이드를 같이 사용하거나, 세포탁심 등을 써서 치료하는 일이 많은데, 아직 치료 증거가 입증되지는 않았다. 이 세균을 발견하면 전문가와 빨리 상담해야 한다.

주1 나카야마 고지: 연쇄구균: 요시다 신이치, 야나기 유스케 외(엮음): 《도다 신세균학》 개정 34판: p256, 2013.

주2 Geraldine S et al: Medical Bacteriology, In, McPherson and Pincus: Henry's Clinical Diagnosis and Management by Laboratory Methods, 22nd ed: p1087, 2011.

주3 Chen LY, Yu WC et al: J Microbiol Immunol Infect 45: 158–160, 2012.

주4 Alozie A, Yerebakan C et al: Heart Lung Circ 21: 231–233, 2012.

제

실험실

위막성 장염의 원인균
클로스트리듐 디피실리균
Clostridium difficile

하지마!

쩍 벌어져
여러 가지를 꺼내는
우리 친척 중에서는
보툴리누스균이
유명하지요.

한번
쩍 벌려
볼까?

클로스트리듐 보툴리눔　　클로스트리듐 디피실리균

클로스트리듐 디피실리균(Clostridium difficile: CD)은 번거로운 세균이다. 혐기성 그람양성간균으로 위막성 장염의 원인균인데, 위막성 장염은 항생제로 인한 설사병(antibiotic associated diarrhea: AAD)이라는 더 큰 개념 안에 포함된다. 클로스트리듐 디피실리균이 원인이 아니라, 항생제로 인한 설사병도 있다는 뜻이다. 또한 클로스트리듐 디피실리균

도 설사뿐만이 아니라 발열이나 복통 등 다양한 임상 증상을 가진다는 사실이 근래 들어 밝혀졌다. 그래서 클로스트리듐 디피실리 감염증(clostridium difficile infection: CDI)과 더 포괄적인 개념으로 정리하게 되었다.
요컨대 위막성 장염은 항생제로 인한 설사병에도 포함되고, 클로스트리듐 디피실리 감염증에도 포함된다. 즉 항생제로 인한 설사병과 클로

스트리듐 디피실리 감염증은 겹치는 부분도 있지만, 같은 뜻은 아니라는 것이다.

어려운 진단이지만
드디어 걸음을 옮기다

원래 편성혐기성균은 배양이 어려운데, 특히 클로스트리듐 디피실리균은 더 어렵다. 디피실리란 배양이 어렵다는 뜻이다. 항균제에 노출되면 균 교대 현상이 일어나 클로스트리듐 디피실리 감염증이 발병하기 쉬워진다. 옛날에는 항균제 중에 클린다마이신이 가장 위험이 크다고 했는데, 오즘엔 퀴놀론계나 세펨계 항균제도 똑같이 위험이 크다고 알려졌다.

그러나 솔직히 어느 항생제든 상관없이 클로스트리듐 디피실리 감염증을 일으킬 가능성은 있고, 항균제에 노출되지 않아도 수평감염으로 클로스트리듐 디피실리 감염증이 발병할 수 있다. 그 수평감염은 최근 게놈 시퀀싱(염기 순서를 분석하는 일)을 사용한 연구에서 발병 환자 말고 다른 데서 종종 전염된다는 사실이 밝혀졌다.[주1] 다시 말하자면, 성가신 존재다.

배양이 어렵기 때문에 전에는 클로스트리듐 디피실리 감염증 진단이 어려웠다. 일본에서는 'C.D. 체크·D-1'이라고 해서 글루탐산 탈수소효소를 검출하는 분석법을 이용했는데, 감도나 특이도가 모두 어중간해서 진단 검사 방법으론 썩 좋지 않았다.[주2] 그 후 클로스트리듐 디피실리균이 만드는 톡신을 검출하는 분석법을 도입했는데, A와 B라는 두 가지 톡신 중에 톡신A만 검출되었다. 6퍼센트 정도의 클로스트리듐 디피실리균은 톡신B만 만들어내기 때문에 자칫하면 놓칠 수 있다는 문제점이 있었다.[주3] 최근 들어서 톡신A, B를 모두 검출할 수 있는 검사가 생겼다.

이 감염증은 치료하기도 힘들다. 일본에서는 메트로니다졸(후라질®)의 적응 질환이 적어서 트리코모나스 질염 등에만 쓸 수 있었다. 클로스트리듐 디피실리 감염증에 이 약을 쓰게 된 것은 2012년부터다.[주4]

클로스트리듐 디피실리 감염증
치료에 남은 과제들

거의 모든 항생제가 클로스트리듐 디피실리 감염증의 원인이 될 수 있다. 대부분 항생제 치료 4~10일 후 감염 증상이 발생한다. 가끔은 원인 항생제의 사용 중단 후에도 증상이 발생한다.

물설사, 발열, 오심, 식욕감소, 복부 경련 및 통증, 하복부 압통 등이 증상으로 나타난다. 클로스트리듐 디피실리 감염증은 입원 환자에게 흔히 생기는 일반적인 합병증이므로 충분히 진단하고 치료할 수 있는 사용 기준을 갖춰야 한다.

주1   Eyre DW, Cule ML et al: N Engl J Med 369: 1195–1205, 2013.

주2   가토 하루: JARMAN 20: 45–46, 2009.

주3   Kikkawa H, Hitomi S et al: J Infect Chemother 13: 35–38, 2007.

주4   Rogers BA, Hayashi Y: Int J Infect Dis 16: e830–e832, 2012.

열이 오르락내리락 반복하는
보렐리아 미야모토이
Borrelia miyamotoi

너도 참!

다행이야!

독감이
아니라
진드기
때문이면
한시름
놨다♪

보렐리아
미야모토이

보렐리아 미야모토이는 이름에서 추측할 수 있 듯이 일본에서 발견된 세균이다.[주1]
1995년에 발견된 이 균이 최근에 다시 주목을 받는 이유는 인간에게도 병을 일으킬 수 있다는 사실이 밝혀졌기 때문이다. 2011년에 러시아 에서 보고가 있었고, 2013년에는 미국에서도 환자가 발생했다.[주2] [주3]

애매한 인플루엔자…?

재귀열(보렐리아 감염병)의 증상은 격심한 오 한, 전율과 함께 계류열(체온의 고저 차이가 1℃ 이내인 고열)이 계속되다가 발한(땀샘에서 땀이 분비되는 현상)과 함께 열이 내리고 1주일 후에 또다시 발작을 일으킨다.

이 병은 몸니를 매개체로 사람과 사람 사이에 감염된다. 참고로 최근에 보렐리아 리쿠렌티스 균이 머릿니로도 감염된다는 사실이 추가로 밝혀졌다.[주4]

인간에게 감염을 일으키는 이에는 머릿니, 몸니, 사면발니로 세 종류가 있는데,[주5] 사면발이 감염증은 대부분 성인한테서 성적 접촉에 의해 옮겨진다. 계속 설명하다 보면 너무 어려워지니 다음으로 넘어가자.

보렐리아 미야모토이는 진드기가 매개체기 때문에 진드기 매개 재귀열(tick-borne relapsing fever: TBRF)이라고도 불린다.

미국은 원래 라임병이나 아나플라즈마병, 바베시아병 등 진드기를 매개로 하는 감염증이 많다. 거기에 보렐리아 미야모토이 때문에 생기는 감염증까지 발견되면서 진드기에게 물린 환자를 치료하는 방법이 더 복잡해졌다.

보렐리아 미야모토이 감염증은 발열, 두통, 근육통 등 다른 감염증과 구분하기 어려운 비슷한 증상들이 나타난다. 사실 재귀열에 이르는 환자는 10퍼센트 정도고, 대부분은 인플루엔자(독감)에 걸렸을 때와 비슷한 증상만 나타난다. 라임병에 나타나는 과녁 같은 유주성 홍반도 10퍼센트 미만의 환자에게만 나타난다.

이렇게만 설명하면 가벼운 증상만 있는 감염병이라는 이미지가 생기는데, 의식 장애나 보행 장애 등 중추신경 이상 증상을 일으킬 때도 있으니 충분히 위험하다는 걸 알아야 한다. 진단은 PCR 등 유전자 검사로 하며 독시사이클린 등의 항균제로 치료한다.

일본에서는 아직 사람에게 감염된 사례 보고가 없다

일본에서는 아직 보렐리아 미야모토이가 사람에게 감염됐다는 사례 보고가 없다. 그러나 과거에 라임병이 의심된 환자의 검체를 재검토했을 때, 2개의 검체에서 보렐리아 미야모토이의 DNA가 검출됐다. 임상 증상이 애매하기 때문에 놓쳤을 가능성도 있다.

매개충, 산림참진드기가 사는 지역의 산에 봄부터 가을 사이에 다녀왔다가 열이 나는 환자가 있으면 이 감염증을 의심해봐야 한다. 열이 오르락내리락 반복하면 가능성이 더 높아진다. 참고로 열이 오르락내리락하는 병은 재귀열 외에도 호지킨병이 유명하다.

주1   국립국제의료연구센터병원 국제감염증센터 쓰쿠나 사토시 선생의 발표.
주2   Platonov AE, Karan LS et al: Emerg Infect Dis 17: 1816-1823, 2011.
주3   Krause PJ, Narasimhan S et al: N Engl J Med 368: 291-293, 2013.
주4   Boutellis A, Mediannikov O et al: Emerg Infect Dis 19: 796-798, 2013.
주5   세키 나오미: 시간이 멈춘 집 '간호가 필요한 곳'에서, 2005.

멜라닌 색소를 포함하는 흑색진균
폰세카에아 페드로소이
Fonsecaea pedrosoi

클로모블라스트진균증과
색소진균증이 생기는
사례 중에 상당수가
우리 때문이지.

인기
세균이라고
불러줘.

병 이름이
여러 개면
대체로
나쁜 녀석이지.

폰세카에아
페드로소이

질소

폰세카에아 페드로소이는 환경 속에 보편적으로 존재하는 진균이다. 세포벽에 멜라닌 색소를 포함하기 때문에 검은 집락을 형성하여 흑색진균이라 불리는 진균 일종이다.[주1]
폰세카에아 페드로소이는 피부에 만성적 곰팡이 감염으로 생기는 질병인 클로모블라스트진균증(Chromoblastomycosis)의 원인이다. 이름부터 정말 어렵다.

어느 때는 ○○,
또 어느 때는 ✕✕…

클로모블라스트진균증은 1911년에 브라질의 상파울루에서 처음 보고되었다. 만성 피하 병변으로 색소침착이 같이 오는 진균이 검출되면서 이 질환의 존재가 밝혀졌다. 그 후 신대륙에서도 이와 같은 보고가 이어졌지만, 1927년에 알제리의 파스퇴르 연구소에서도 똑같은 병이 보고되면서 구대륙에서도 그 존재가 증명되었다.[주2] 일본에서도 적지만 몇 가지 사례가 보고되었다.[주3] 기본적으로 개발도상국에서 많이 나타나는 질환인데, 선진국 중에는 일본에서 보고가 많았다. 습기가 많고 더운 지역에서 많이 발견되기 때문인가?

이 질환에는 이름이 여러 가지 있는데, 흑색 블라스트진균증, 사마귀성 피부염, 개밋둑, 피부 클로모블라스트진균증, 클로모미코틱 사마귀성 피부염, 블라스트미코틱 사마귀성 피부염, 페드로소병, 폰세카병 등 별명 부자다. 읽기도 힘들겠지만 쓰고 있는 나도 진이 빠진다.

참고로 '페드로소'란 상파울루에서 처음으로 이 질환을 학회에 보고한 사람의 이름이다. '폰세카' 하면 우루과이와 나폴리에서 하늘색 유니폼을 입고 뛰었던 다니엘 폰세카 선수가 떠오르는데, 아무래도 좋다. 브라질의 진균학자의 이름도 폰세카인데, 더 알고 싶은 사람은 검색해보기 바란다.

종아리에 브로콜리 모양의 피부 증상

클로모블라스트진균증은 브로콜리 모양의 피부 증상이 나타나는 만성 사마귀가 특징인데, 특히 종아리에 생긴다. 처음에는 화상이나 암처럼 보이는데, 사실 감염증이다. 캄보디아에서 한 번 본 적이 있는데, 처음에는 이게 뭔가 싶었다. 최근에는 자유롭게 볼 수 있는 논문이 많아서 사진을 확인할 수도 있다.[주4] [주5] 피부 조직

검사를 해서 육아종성으로 조직이 변했다면 진단할 수 있다.

그밖에 폰세카에아 페드로소이는 축농증이나 각막염, 가끔은 농양을 일으킬 때도 있다. 내과적으로는 플루사이토신(5-FC)이나 이트라코나졸, 테르비나핀 등을 먹거나 액체 질소 치료, 외과적 방법으로 치료한다.

주1 시모카와 오사무, 〈피하진균증의 원인균〉, 요시다 신이치, 야나기 유스케 외(엮음): 도다신세균학 개정 34판: pp762–764, 2013.
주2 López Martínez Tovar LJ: Clin Dermatol 25: 188–194, 2007.
주3 Ito K, Kuroda K et al: Bull Pharm Res Inst 68: 9–17, 1967.
주4 Yap FB: Int J Infect Dis 14: e–543–e544, 2010.
주5 Troncoso A, Bava J: N Engl J Med 361: 2165, 2009.

실 모양도 되고 효모도 되는
에몬시아 파스트리아나
Emmonsia pasteuriana

또 정체를 알 수 없는 세균 이야기다.

지구는 넓고 감염증 세계는 깊다. 21세기가 되었지만 아직 인간이 모르는 감염증이 속속 발견된다. HIV(인체면역결핍바이러스) 감염이나 면역억제제 등의 영향으로 지금까지 병원성이 없었던 약독균(감염의 정도가 약한 균)까지 인간에게 병을 일으키게 되었다. 정말이지 이 업계는 새로운 사건이 쉴 틈 없이 터진다.

에몬시아는 겉과 속이 다른 균?

사하라 사막보다 남쪽 지역에 있는 아프리카 대륙은 세계에서 HIV(인체면역결핍바이러스)와 에이즈가 가장 많이 퍼진 곳이다. HIV와 에이즈는 물론이거니와, 신체의 면역력이 떨어져 있는 사람에게 생기는 기회감염이 문제다. 아프리카의 병원체는 다른 지역과 다른 인구 통계학적

속성을 가졌다고 추측된다.

에몬시아(Emmonsia)는 이형성 진균이다. 이형성이란 온도에 따라 사상균이 되기도 하고 효모균이 되기도 하여 겉과 속이 다른 곰팡이를 말하는데, 자연계와 토양(저온 상태)에서는 실처럼 하늘거리는 사상균이 되고, 감염 대상 속(고온 상태)에서는 반질반질한 효모 상태가 된다.

이형성 진균 중에서는 특히 히스토플라스마 캡슐라툼, 콕시디오이데스 이미티스, 블라스토미세스 더마티티디스, 파라콕시디오이디즈 브라질리엔시스, 그리고 페니실리움 마네페이가 유명하다. 모두 면역이 약한 사람을 중심으로 파종성 감염을 일으킨다는 특징이 있다.

앞서 나왔던 스케도스포륨(78페이지)은 유성생식과 무성생식이라는 2가지 증식 타입이 있으므로 이형성 진균과는 다르다. 헷갈리지 말자.

에이즈 환자 중에 감염되다

에몬시아 파바(Emmonsia parva)는 미국 남서부, 오스트레일리아, 동유럽 땅에 살며 가끔 인간에게 병을 일으키는 원인이 된다. 에몬시아 크레센스(Emmonsia crescens)도 사람에게 검출되고, 둘 다 거대포자진균증이라는 호흡기 감염증의 원인이 된다.

이번 주인공인 에몬시아 파스트리아나는 이탈리아의 에이즈 환자 가운데 병의 원인으로 지목된 유일한 세균인데,[1] 예외 중의 예외라서 존재조차 사라졌었다. 최근까지는 말이다.

그런데 남아프리카공화국의 케이프타운에 있는 병원에서 에이즈 환자를 철저히 조사한 결과, 2003~2011년에 13명의 환자가 에몬시아 파스트리아나 감염을 일으켰다는 사실이 밝혀졌다.[2] 모두 20~30대 환자로 남성 8명, 여성 5명이었다. 남성 동성애자가 HIV나 에이즈 환자의 대부분을 차지하는 아시아의 일반적인 상황과는 달리, 아프리카에서는 여성 환자도 많다. CD4 양성 T세포 수는 10~44개라서 세포성 면역 능력이 갈기갈기 찢어진 상태였다. 온몸에 피부 변화가 일어난다는 특징이 있으며, 이는 면역결핍 환자의 파종성 진균 감염과 공통된다. 경과는 생각보다 좋아서 환자 3명이 사망하고 1명은 추적 조사를 하지 못했지만, 나머지 환자들은 항진균제와 항HIV 치료로 회복하여 통원 치료를 받았다고 한다.

감염증 박사들은 이처럼 앞으로도 영원히 공부를 해야 하는 운명인 것이다. 설명만 들어도 진저리가 나는지, 아니면 더 알고 싶은지에 따라 감염병 전문가라는 직업이 잘 맞는지 아닌지를 가늠할 수 있을 것이다.

주1　Gori S, Drohuet E et al: J Mycol Med 8: 57–63, 1998.

주2　Kenyon C, Bonorchis K et al: N Engl J Med 369: 1416–1424, 2013.

더운 지방의 식물에 붙는 진균

엑세로하이럼 로스트라툼
Exserohilum rostratum

조심
또 조심!

옮겨가자~

엑세로하이럼
로스트라툼

곰팡이는 예상치 못한 곳에서 불쑥 자라난다. 그러한 우연에서 위대한 의학 발견을 이뤄지기도 한다. 알렉산더 플레밍이 페니실린을 발견한 것도 이러한 우연이 가져다준 선물이었다.

하지만 곰팡이가 핀다는 것은 대체로 골치 아픈 상황이다. 참고로 빵에 핀 푸른곰팡이는 곰팡이가 보이는 부분만 떼어낸다고 해서 안심할 수 없다. 눈에 보이지는 않지만 균이 실처럼 퍼져 있기 때문이다. 애니메이션 〈바람계곡의 나우시카〉에서 "이 빵도 이제 글렀네"라는 대사가 나오는데, 그런 식으로 각오를 해야 한다. 실제로 곰팡이가 핀 음식을 먹어도 크게 탈이 나지 않는 경우도 많지만 말이다(매번 별 탈이 없으리라는 보증은 없다).[주1]

빵에 푸른곰팡이가 핀 것쯤이야 귀엽게 넘어갈 수 있지만, 생각지도 못한 곳에 어마어마한 곰팡이가 피면 웃음기가 싹 사라질 것이다.

신기한 수막염의 원인 미생물

미국에서 2012년 9월 이후에 병원 내에서 발병한 수막염 가운데 경막외 주사 때문에 발병했다는 신기한 수막염이 유행했다.[주2] [주3] 원인 미생물은 여러 가지 있었지만, 대부분은 진균(곰팡이)이었다.

이는 오염된 메틸프레드니솔론(항염증 치료약) 주사가 원인으로 밝혀졌고, 문제를 일으킨 병원성 미생물이 엑세로하이럼 로스트라툼이었다. 액세로하이럼 로스트라툼은 카트 레오나드가 1970년대에 발견했는데, 더운 지방에 사는 식물에 붙어 있는 진균이다. 옥수수 등 곡물의 병원체로 알려져 있었는데, 이 세균이 주사기에 섞여 들어가면서 병원에서 수막염 유행을 일으킨 것이다. 어떻게 오염됐는지는 분명치 않지만, 약물을 배합한 약국 안에서 오염된 것으로 추측된다.[주3]

원래 액세로하이럼 로스트라툼은 사람에 대한 병원성이 약하다. 이때도 1만 명 이상의 사람들이 오염된 스테로이드 주사를 맞았지만 실제로 병을 일으킨 사람은 328명이었으며, 그중 265명이 중추신경계의 감염증이었다(액세로하이럼 로스트라툼이 검출된 사람은 96명이고, 나머지 환자들은 다른 진균으로 감염됨). 수막염 이외에도 거미막염, 뇌졸중, 경막외 농양 등을 일으켰다.

그렇다고 해서 이 유행을 대수롭지 않게 넘길 수 있는 건 아니다. 이 사건으로 26명이 사망했는데, 가장 큰 원인은 뇌졸중이었다.

재발 방지가 가장 중요

액세로하이럼 로스트라툼에 감염된 대부분의 환자가 항진균제로 치료를 받았다.[주4] 앞으로 연구가 진행되어 가장 좋은 치료법이 확립되길 바라는 마음이지만, 그것보다는 이런 사태가 다시는 일어나지 않도록 막아야 한다.

우리는 의약품이 안전하게 사용되는 것을 당연하게 생각하는데, 그 안전성을 보증하기란 정말 어렵다. 경막 이식을 하는 크로이츠펠트 야콥병도 그렇고, 기관지경 오염 때문에 생긴 감염도 그렇다.[주5] 의료 안전에는 부단한 노력과 연구가 필요하다.

[주1] http://edition.cnn.com/2009/HEALTH/08/11/food.safety/

[주2] Chiller TM, Roy M et al: N Engl J Med 369: 1610-1619, 2013.

[주3] Smith RM, Schaefer MK et al: N Engl J Med 369: 1598-1609, 2013.

[주4] http://blogs.scientificamerican.com/artful-amoeba/2012/11/12just-what-is-exserohilum-rostratum/

[주5] Kirschke DL, Jones TF et al: N Engl J Med 348: 214-220, 2003.

아열대 지역의
토양이나 물이 고인 곳에

유비저균
Burkholderia pseudomallei

구분하기도
어려운데
난폭하기까지
하네!

성가신 녀석이야!

너 남자니,
여자니?

유키케이(남자)주1

유비저라는 병은 유비저균(버크홀데리아 슈도말레이) 감염에 의한 질환이다. 비저는 '코의 피부병'이라는 뜻인데, 그와 비슷하다고 해서 '무리 유(類)'를 붙여 유비저다. 비저균은 영어로 버크홀데리아 말레이라고 하는데, 비저 자체는 기본적으로 말 같은 동물들 사이에서 일어나는 감염이다.

유비저의 진단은 피부 병변, 혈액, 소변, 고름에서 유비저균을 분리하여 확진한다. 유비저균은 1911년, 버마(현재의 미얀마)에서 비저로 의심되는 환자가 사망하면서 처음으로 검출되었다. 처음에는 바실루스 슈도말레이(Bacillus pseudomallei)라고 지었는데, 곧 슈도모나스 슈도말레이(Pseudomonas pseudomallei)

가 되었고, 1993년부터 현재의 이름 유비저균(버크홀데리아 슈도말레이)으로 바뀌었다.

결핵균과 닮은 시한폭탄!?

유비저균은 아열대 지역의 토양이나 물이 고인 곳에서 검출된다. 특히 타이 북동부와 북부 오스트레일리아에 많은데, 이곳에서 일어나는 지역 감염증 가운데 가장 큰 원인이라고 하니 정말 무시무시하다. 그밖에 남아시아, 동남아시아 전체, 중앙아메리카, 남아메리카 북부(이를 테면 베네수엘라나 에콰도르, 콜롬비아 부근) 등지에서도 발견된다. 내가 정기적으로 방문하는 캄보디아에서도 유비저를 몇 건 경험했다.

기저질환이 없는 건강한 사람이 감염되면 거의 증상이 없는데, 전형적으로 당뇨병 환자나 스테로이드를 복용하는 사람 등 면역력이 약한 사람이 중증으로 발전될 가능성이 있다.

급성 폐렴으로 발병하는가 하면, 패혈증, 골수염, 관절염, 피부 감염증 등 갖가지 감염증을 일으키기도 한다.

또한 결핵과 구별이 되지 않을 때도 있다. 폐에 빈 공간이 생기게 할 때도 있기 때문에 결핵 환자가 많은 캄보디아에서는 상당히 진단하기 까다로운 세균이다. 내가 경험한 것도 이런 '유사 결핵'이었다.

원래 유비저균은 결핵균처럼 세포 내에 기생한다는 성질을 갖고 있기 때문에 결핵과 마찬가지로 잠복감염, 재활성이라는 경과를 거치게 된다. 베트남전쟁에서 이 세균에 감염된 미군들이 귀국 후에 유비저 증상이 나타나 '베트남 시한폭탄'이라 불린 적도 있다고 한다. 그리고 해일이나 홍수가 일어난 후에 유비저 증상이 나타난 사람이 늘어났다고도 한다.

세프타지딤, 메로페넴, 이미페넴 등에 ST 합제를 같이 써서 치료하는 일이 많다. 치료 후에도 ST 합제를 몇 개월 동안 유지 요법으로 이용한다고 하는데, 재발하는 경우도 흔하다.

문제: 결핵과 비슷한 병을 몇 가지 말할 수 있는가?

폐에 빈 공간이 생겨 결핵인 줄 알았는데 실제로는 결핵이 아닌 병을 여러분은 몇 가지나 말할 수 있나? 5개면 합격, 10개면 만점이다.[주2]

참고 문헌: 구라타 기요코. 나리타 가즈요리: 모던 미디어, 59권 8호: 216-222, 2013.

주1   〈모야시몬〉에 나오는 캐릭터 이름.
주2   [정답 예시] 비정형(비결핵성) 항산균 감염증, 폐흡충증, 노카르디아증, 사르코이드증, 웨그너 육아종증, 폐암, 만성 육아종증 아스페르길루스증, 히스토프라즈마증, 폐화농증, 유비저… 이 외에도 아주 많다!
      Gadkowski LB, Stout JE: Clin Microbiol Rev 21: 305-333, 2008.

가끔씩 볼 때도 있다는

아르코박터 부츠렐리
Arcobacter butzleri

조심하는 수밖에!

애완동물한테 옮을 수 있다고?

어머 어머 어머 어머 어머

아르코박터 부츠렐리

아르코박터는 원래 캄필로박터속으로 분류되었는데, 1991년에 방담(Vandamme)이 아르코박터속으로 분류하자고 주장했다.주1 이듬해인 1992년에 '캄필로박터 부츠렐리'가 '아르코박터 부츠렐리'로 이름이 바뀌었다.

근래 들어 아크로박터 부츠렐리는 캄필로박터에 버금가는 병원성을 가진다는 사실이 밝혀지면서 주목받게 되었다.

닭고기나 해산물에서도 검출

아르코박터속균은 증상 없이 인간의 장관에서 검출되기도 하고, 장염을 일으키거나 균혈증, 심내막염, 복막염의 원인이 되기도 한다.

아르코박터속균 때문에 생기는 설사는 물과 섞인 수용성 설사인데, 가끔 출혈성 설사를 일으키는 캄필로박터 제주니(Campylobacter jejuni)와는 다른 증상이 나타난다.

또한 이탈리아에서 아르코박터속균은 어린이들 사이에서 유행을 일으킨다. 남아프리카, 벨기에, 프랑스에서는 설사에 섞여 있는 캄필로박터와 비슷한 세균들 중에서 상당히 자주 검출되는 병원체가 바로 아르코박터 부츠렐리였다. 특히 근래에는 멕시코 여행자의 설사 원인으로 주목받고 있다. 그밖에도 칠레, 홍콩, 타이완, 독일, 오스트레일리아에서 사례가 보고되면서 전 세계에 분포되어 있다고 추측된다.

일본에서는 보고된 사례가 적지만 소고기, 돼지고기, 특히 닭고기에서 자주 검출된다.[주2] 강물 같은 담수나 바닷물에서도 검출되는데, 조개 같은 해산물도 감염원이다.

또한 아르코박터속균은 동물에게도 병을 일으키는 인수공통전염병의 원인균이기도 하다. 다시 말해 고양이나 강아지 등 애완동물에게서 감염될 가능성이 있다. 야생동물이 아르코박터속균의 매개자(벡터)로서 어느 정도 인간에게 영향을 미치는지는 아직 전혀 밝혀지지 않았다.

항균제 치료는 원칙적으로 필요 없다

아르코박터 감염증은 치료제도 확실하지 않다. 감수성 시험도 표준으로 정해진 것이 없어서 어느 항균제가 좋은지 자세히 알 수 없다.

그러나 아르코박터 부츠렐리의 대부분은 클린다마이신, 아지트로마이신, 시프로플록사신, 메트로니다졸, 세팔렉신, ST 합제 등의 약물에 내성을 나타냈다. 암피실린, 테트라사이클린 등이 좋다는 시험관 검사 결과는 있지만, 실제 환자에게 무엇을 써야 할지는 확실하지 않다.

애초에 아르코박터 부츠렐리로 생기는 설사병은 저절로 치유되는 경우가 많아서 굳이 항균제 치료를 할 필요가 없다. 이는 캄필로박터도 마찬가지다.

사실, 대부분의 항균제는 그 자체가 설사의 원인이 되기도 한다. 장염에 항균제를 썼더니 세균은 죽었지만 설사는 더 심해졌다는 환자도 종종 본다. 물론 의사는 병을 고치는 사람이지 세균을 죽이는 사람이 아니다. 목적을 잃지 않는 것이 중요한데, 종종 그 목적을 잃어버릴 때가 있다.

주1　Collado L, Figueras MJ: Clin Microbiol Rev 24: 174-192, 2011.

주2　Kabeya H, Maruyama S et al: Int J Food Microbiol 90: 303-308, 2004.

약해진 인간을
공격하다니,
참 못됐구나.

왜?
인간들도
그러면서!

마이코박테륨 제나벤제

에이즈 환자에게 병을 일으키는 알쏭달쏭 항산균!?

마이코박테륨 제나벤제는 비결핵성 항산균(non-tuberculous mycobacteria: NTM)이다. 1990년에 〈뉴잉글랜드저널오브메디슨〉이라는 학술지에서 "에이즈 환자에게 병을 일으키는 알쏭달쏭 항산균"으로 보고되었고,[주1] 1992

년에는 〈란셋〉이라는 학술지에서도 HIV(인체면역결핍바이러스) 감염자 18명의 병원체로 보고되었다.[주2] 여기서 마이코박테륨 제나벤제라는 이름이 되었다.

1990년에 제네바(Geneva)에서 보고되었다는 단순한 이유 때문인데, 제네바면 제네벤제(genevense)지, 왜 제나벤제(genavanse)일까 하는 생각은 든다. 이름을 지은 독일의 화학자 뵈트거가 말하길, 라틴어로는 Geneva(제네바)가 아니라 Genava(제나바)라고 한다.

스위스에서는 이 세균이 HIV 감염자 중에 미코박테륨아비움복합체(Mycobacterium avium complex: MAC) 다음으로 자주 발견되는 비결핵성 항산균이다.

참고로 바질과 소나무 열매를 써서 만든 맛있는 제노베제 소스(Genovese sauce)는 스위스의 제네바가 아니라 이탈리아의 제노바에서 온 소스다. 그리고 제노베제 소스로 만든 파스타는 나폴리의 명물 요리다. 르네상스 시대에 제노바에서 나폴리로 가져왔다고 한다. 나폴리 하면 마라도나, 그럼 제노바 하면 뭐가 유명할까?

배양의 든든한 아군, 마이코박틴J!

비결핵성 항산균(NTM)은 결핵균과 달리 환경 속에 보편적으로 존재하며 물이나 동물 등에서 검출된다. 건강한 일반인의 장관에 붙어 있을 때도 있는데, 병의 원인이 되는 일은 거의 없다. 그러나 아주 드물게 면역이 약한 사람에게 중증 감염증을 일으키는 원인이 된다. 개나 조류 등 다양한 동물에게도 병을 일으킨다고 알려져 있다.[주3]

마이코박테륨 제나벤제는 HIV 감염자나 이식 환자 같은 면역이 약한 사람에게 파종성 감염을 일으키고 혈액, 소변, 대변 등에서 검출된다. 그러나 다른 비결핵성 항산균에 비해 배양해서 자라나기 어렵다는 특징이 있다. 마이코박틴J라는 물질을 배지에 첨가하면 배양하기 쉬워지는데, 그래도 4개월 정도 배양을 계속해야만 자라

난다. 마이코박틴J는 마이코박테륨 아비움 파라투베르쿨로시스에서 분리된 사이드로포어(작은 철 결합 분자)인데,[주4] 마치 슈퍼 히어로 이름처럼 멋지다. "가라, 마이코박틴J! 해치워라! 우리의 마이코박틴J!"

항산균 염색에서 균이 보이는데도 배양해서 자라나지 않을 때는 이 세균일 가능성이 있다. PCR검사 등 유전자 자체를 검색하는 것도 한 방법이다.

치료 방법에 대해서는 정해진 의견이 없지만, 비결핵성 항산균에 자주 이용하는 클래리트로마이신이나 리파부틴, 스트렙토마이신 등을 오랜 기간 동안 사용할 때가 많다.[주5] [주6]

주1 Hirschel B, Chang HR et al: N Engl J Med 323: 109–113, 1990.

주2 Böttger EC, Teske A et al: Lancet 340: 76–80, 1992.

주3 Kiehn TE, Hoefer H et al: J Clin Microbiol 34: 1840–1842, 1996.

주4 Schwartz BD, De Voss JJ: Tetrahedron Letters 42: 3653–3655, 2001.

주5 Santos M, Gil-Brusola A et al: Patholog Res Int 371370: Published online Feb 19, 2014.

주6 Charles P, Lortholary O et al: Medicine (Baltimore) 90: 223–230, 2011.

기침이 늘 따라다니며 낫지 않는다…

백일해균
Bordetella pertussis

미대륙, 유럽, 오스트레일리아… 세계를 누비며 활약!

HA HA HA HA HA HA

만만치 않아.

켈럭 콜로록 콜로록

백일해균

백일해균은 사람에게만 감염되는 그람음성균이다. 이름 그대로 백일이나 가까이 기침이 멈추지 않는 무서운 병이다.

기침만 하면 다행인데, 나빠지면 호흡 곤란을 일으킨다. 기침이 심해지면 구토가 유발되거나 갈비뼈가 손상될 수도 있다. 영어로는 퍼투시스(pertussis)라고 한다. 'per-'는 '심한', 'tussis'는 '기침'이라는 뜻이다.

대학교에서 많이 퍼진 '낫지 않는 기침'

일본에서는 1968년부터 3종 혼합 백신(DPT)을 정기적으로 맞게 되어 백일해 환자는 눈에 띄게 줄어들었다.[주1] 그러나 1970년대에 DPT 부작용이 문제가 되는 바람에 DPT 정기 접종이 중단되었다. 그러자 다시 백일해가 늘어나면서 사망자도 늘어나는 등 유행이 찾아왔다. 1980

년대에 부작용이 적은 3종 혼합 백신으로 변경하여 백일해의 유행을 잠재웠다. 이런 이야기는 어디선가 들은 적이 있을 것이다. 인간은 같은 실수를 반복하는 생물이다. 똑같은 일이 영국에서도 있었으니 일본에서만 특별히 있었던 현상은 아닌 것 같다.[주2]

그럼 현재는 백일해 유행이 없을까? 그렇지는 않다. 아기 때 접종한 백신은 아이들의 목숨을 빼앗는 백일해를 크게 줄게 했다. 그러나 백신의 효력은 시간이 지나면 줄어든다. 우리나라의 백일해 발생은 2000년대에 연 평균 20건 정도 발생하였으나 2010년대 이후 집단 발병 등의 발생이 증가하기 시작해 100건 정도 발생하고 있다. 이러한 증가 추세는 세계적으로 나타나고 있는데, 백신의 효과가 시간이 지나면서 감소되기 때문으로 추정하고 있으며 성인에게도 추가 접종의 필요성이 이야기되고 있다.

면역력이 떨어진 청소년기에 발병하는 백일해가 전 세계에서 늘어나고 있는 추세다. 백신의 효과는 조금 남아 있기 때문에 호흡 곤란으로 사망에 이르는 일은 거의 없다. 낫지 않고 끊임없이 기침이 난다니, 정말이지 괴로운 병이다. 젊은 학생이 계속 콜록콜록 기침하면서 '항생제로도 낫지 않고, 같은 반에 비슷하게 기침하는 친구가 여러 명 있다'라는 이야기를 들으면 십중팔구 백일해라고 보면 된다. 해외에서는 청소년을 위해 백일해 무균백신을 사용한 DTaP 백신을 추가 접종하는데, 이것은 디프테리아와 백일해 항원을 상대적으로 적게 포함한 성인 추가 접종용 백신이다.

백일해의 항생제 치료, 이상한 일본인!?

가래 검사로 백일해균을 검출하면 좋겠지만, 잘 나오지 않는 것이 현실이다. 전에는 여러 가지 백일해 항체 검사를 했는데, 지금은 백일해균 독소(PT)와 섬유상 적혈구 응집소(FHA)에 IgG 항체가를 EIA법으로 측정한다. 그러나 섬유상 적혈구 응집소는 다른 세균이나 백신과 교차 반응이 있고, 백일해균 독소도 백신과 교차 반응이 있기 때문에 페어 혈청에서 상승하는지 보는 것이 이상적인 진단법이다.[주3] [주4] 그러나 진료 현장에서는 어려운 방법이다.

급성 백일해는 아지트로마이신이나 클라리트로마이신 등 마크로라이드계 항생제가 효과 있다. 그러나 발병 2주 후에는 항생제 효과가 거의 없어지고 3주 후에는 타인에게 감염하는 일도 거의 없다. 치료든 예방이든 만성 기침 치료에 항생제가 의미가 없다는 뜻이다.

만성 기침은 원인이 폐암이든 결핵, 후비루증후군, ACE 저해제 부작용이든, 흡연이든 항생제의 효과를 보지 못한다. 만성 기침에 항생제는 효과가 없다는 것이 밝혀졌는데도 일본인 의사들은 꼭 항생제를 처방하니 참 걱정이다.

주1   다카라기 신리: 일본의 백일해 상황: 예방접종: pp116–118, 2008.
주2   Baker JP: Vaccine 21: 4003–4010, 2003.
주3   http://www.crc-group.co.jp/crc/q_and_a/146.html
주4   2017년 현재는 LAMP법도 사용 가능.

백일해균과 똑 닮았지만 더 못된

보르데텔라 호메시
Bordetella holmesii

봐도
모르면
들어도
모르지, 뭐.

그치!

어디가
다르게 생겼는지
알려줘!

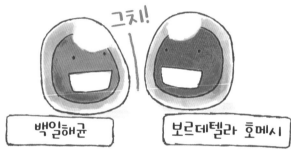

백일해균

보르데텔라 호메시

보르데텔라 호메시는 1995년에 처음으로 이름이 알려진, 비교적 새로운 미생물이다. 백일해균으로 오해를 받기도 하는 골치 아픈 세균인데, PCR검사로는 구별이 되지 않을 때가 많다. 그러나 백일해균이 기침을 일으키거나 백일해의 원인이 되는 것에 비해, 보르데텔라 호메시는 기침뿐 아니라 조직으로 들어가는 균혈증, 수막염, 심내막염, 화농성 관절염 등 상당히 심한 감염증의 원인이 된다. 특히 비장이 없는 환자에게 균혈증을 잘 일으킨다고 한다. 또한 건강한 성인의 목에서 자라나기도 하는 등, 동해 번쩍 서해 번쩍 여기저기에서 병의 원인이 되는 세균이다.

이름도 변천사도 알쏭달쏭!?

1983년에 미국 질병통제예방센터(CDC)가 14건의 사례를 정리했는데, 이것이 보르데텔라 호메시에 관한 첫 임상보고다. 왠지 알쏭달쏭한 세균인데, 그때는 CDC 논옥시다이저 그룹2(CDC nonoxidizer group2: NO-2)라고 해서 이름까지 알쏭달쏭했다.

후에 DNA 관련성 연구나 16S rRNA 배열 등에서 이 세균이 보르데텔라속에 속한다는 사실이 밝혀졌다. 그리고 1995년이 되어 '호메시'라는 이름을 붙이게 되었다.

호메시는 이 균을 연구한 배리 홈즈(Barry Holmes)라는 영국의 미생물학자 이름에서 따왔다.[주1] 셜록 홈즈나 마이크로프트 홈즈와는 관계가 없으니 주의하자. 이건 웃기려고 해본 말이다.

보르데텔라 감염증 증가는 백일해 백신이 개량되고부터?

사실 보르데텔라 호메시의 16SrRNA 배열은 백일해균과 99.5퍼센트 쏙 빼닮았다. 이래서야 어떻게 구분을 하겠는가. 일본에서도 2010년~2011년에 백일해가 유행했을 때, 실제로 보르데텔라 호메시 때문에 생긴 기침 증상도 같이 유행했다.[주2]

백일해 백신은 예전에 부작용이 많아서 문제가 되었다고 앞서 이야기했다. 그 부작용이 많은 백일해 사균백신은 보르데텔라에도 면역 기능을 발동시켰다고 한다. 그러나 부작용이 적도록 개량된 무균백신은 이와 같은 면역 기능의 교차 작용이 별로 없다고 한다.

1980년대 이후에 보르데텔라 호메시 등 백일해 이외의 보르데텔라 때문에 생기는 감염증 사례가 잇따라 보고된 것도 사균백신으로 억제되어 있던 보르데텔라 감염증을 무균백신으로 억제할 수 없게 되었기 때문이라는 가설이 있다. 꽤나 설득력 있는 이야기다.

치료제에 대해서는 아직 밝혀진 것이 별로 없지만, 백일해의 첫 번째 선택 약인 마크로라이드는 최소 발육 저지 농도(MIC)가 비교적 높고 퀴놀론이나 카바페넴은 낮다고 한다. 임상적인 결과는 따로 없지만, 이러한 현상은 사실이었다.

너무 어려운 이야기들이라서 이해가 안 된다고 걱정할 필요는 없다. 세상에 많은 균이 있다는 것만 알아도 충분하다.

주1 Pitter LF, Emonet S et al : Bordetella holmesil : an under-recognized Boedetella species : Lancet Infect Dis 14 : 510–519, 2014.

주2 Kamiya H, Otsuka N et al: Transmission of Bordetella holmesii during pertussis outbreak, Japan: Emerg Infect Dis 18: 1166–1169, 2012.

그게 녹농균한테
할 소리니?

약자만 골라서
괴롭히는 녀석은
너뿐이 아니라서
이젠 놀랍지도 않아.

녹농균

녹색 고름이 생긴다고 해서 녹농균이라고 한다. 당연한 이름이다. 이는 녹농균이 피오시아닌이나 파이오베르딘 등의 색소를 분비하기 때문이다. 독특한 단맛이 나고 달콤한 향이 나는데, 맛과 향이 좋다는 것은 나의 주관적인 생각이다.
녹농균의 영어 이름은 슈도모나스 에루지노사인데, 슈도모나스(Pseudomonas)는 '가짜', '사기의'라는 뜻의 그리스어 'pseudes'와 '개체'라는 뜻의 그리스어 'monas'로 이루어진 라틴어이다. 옛날에는 '미균(세균)'을 뜻했다고 한다. 모나스(monas)는 철학자 라이프니츠의 모나드(Monad), 다시 말해 생물의 분석 끝에 나오는 결론인 '분할할 수 없는 실체'와 어원이 같다. 옛날 사람들은 녹농균을 미균과 비슷하다고 생각했던 것일까?
에루지노사(aeruginosa)는 청동색을 뜻한다고 한다.

여러 항생제가 효과 없다!
약하지만 치료하기 힘들다!?

물이 있는 환경이나 토양에 항상 존재하는 이 세균은 사람에 대한 병원성이 적어서 건강한 사람에게는 거의 아무 짓도 하지 않는다. 그러나 약한 사람을 괴롭히는 특성이 있어 면역력이 약한 환자, 특히 호중구가 감소한 환자에게는 격렬한 패혈증을 일으키기도 한다. 낭포성 섬유증이라는 보기 드문 호흡기 질환에서는 이 세균이 정착하여 오랜 시간 만성 염증을 일으킨다고도 알려져 있다.

녹농균은 구멍으로 항생제가 통과하지 않도록 막는 기능이 있어 대부분의 항생제가 듣지 않는다. 치명성은 약하지만 치료하기 힘든 것이다. 따라서 감염병을 처음 배우는 의과대 학생들은 '녹농균을 죽일 수 있는 항생제 리스트'를 외우고 이해하는 것부터 시작한다.

'녹농균에 잘 드는 항균제'로는 아미노글리코사이드, 퀴놀론, 세프타지딤, 세페핌, 아즈트레오남, 피페라실린, 피페라실린 타조박탐, 카바페넴 등이 있다.

녹농균은 약제에 대한 내성을 얻기가 쉽다. AmpC 베타락타마제의 과잉 생산이나 ESBLs, 메탈로-베타락타마제 생산, 펌프로 배출, 퀴놀론의 DNA 자이레이스 돌연변이, 외막 투과성의 저하 등 다양한 약제 내성을 얻는다.[주1]

그 때문에 녹농균에 잘 듣는 항생제는 녹농균 감염증이 의심될 때만 쓰는 것이 감염증 진료의 원칙이다. 그런데도 현재 병원에서는 큰 고민 없이 항생제를 사용하고 있으니 참 안타깝다.

우주에서 실험,
새로운 구조의 생물막 형성

녹농균은 생물막을 만든다고 알려져 있다. 카테터 등 장치 안쪽에서 증식하면 이 생물막 때문에 항생제가 녹농균에 닿지 않아 감염 치료에 어려움을 겪는다.

2010년~2011년에 걸쳐 이 생물막이 생기는 기능에 변화가 일어나는지 우주왕복선 아틀란티스를 이용해 우주 공간에서 실험을 했다. 놀랍게도 우주 공간에서는 녹농균이 평소 볼 수 없을 정도로 대량의 생물막을 형성했고, 그 구조는 원래는 볼 수 없는 전혀 새로운 모양이었다고 한다.[주2]

학문적으로는 새로운 발견이었다. 하지만 이 새로운 지식이 미래의 의학에 어떤 뒷받침이 될지에 대해서는 좀 더 기다려봐야 할 일이다.

주1 Sun HY, Fujitani S et al: Chest 139: 1172–1185, 2011.
주2 Kim W, Tengra FK et al: PLoS ONE 8: e62437, 2013.

신생아와 유아에게 분유로 감염

크로노박터 사카자키
Cronobacter sakazakii

사카자키 리이치(1920~2002)는 장내세균의 일종인 엔테로박터 사카자키, 비브리오 등 그람음성균 연구로 유명한 세균학자다.[주1] 엔테로박터 사카자키는 이 사카자키 선생의 이름을 따온 세균인데, 실제로 발견한 사람은 파머(Farmer)라는 미국 질병통제예방센터(CDC)의 연구자다. 1980년에 발견했다.

원래는 병원에서 자주 보는 총배설강외번증인

줄 알았는데, 유전자도 표현형도 다르다는 사실이 뒤늦게 밝혀져 엔테로박터 사카자키라는 이름이 붙여진 뒤에 다시 크로노박터 사카자키로 바뀌었다.[주2]

분유 감염으로 소아 감염증의 위험

21세기가 되면서 이 크로노박터 사카자키가 분

유로 신생아나 유아에게 감염을 일으키는 원인이 되었고, 어떨 때는 수막염 같은 심각한 질환을 일으킨다는 사실이 밝혀졌다. 세계보건기구(WHO)는 이 사실을 알고 국제연합 식량농업기구(FAO)와 공동 성명을 발표하여 크로노박터 사카자키가 분유 감염과 소아 감염증의 위험이 있다는 사실을 알렸다.[주3]

사례는 적지만 일본의 분유에서도 검출된 적이 있다. 건조된 분유에는 원래 세균이 자라날 수 없는데, 크로노박터 사카자키는 살 수 있다는 것이다. 전에는 분유를 만들 때 섭씨 50도의 온수를 쓰도록 권장했는데, 이렇게 하면 이 균을 소독할 수 없다. 그래서 세계보건기구는 섭씨 70도 이상의 온수로 분유를 만들도록 권장했고, 보건복지부도 그 의견에 따랐다.

분유는 소젖을 여과, 탈지, 가열 살균, 성분 조정, 건조시켜 만든다고 하는데, 엄격한 품질 관리를 해도 안전한 무균 상태로 만들기란 어렵다. 식품 안전이나 물의 안전도 그렇지만, 미생물을 죽이는 것은 그리 간단하지 않다.

모유와 분유 속성에 따라 맞춰 쓰기

이처럼 분유의 안전을 보장할 수 없다. 그렇다면 모유는 안전할까? 꼭 그렇지만은 않다. HIV(인체면역결핍바이러스)나 HCV(C형간염바이러스) 등의 바이러스는 모유를 통해 엄마에서 아이로 감염되고 발진, 결핵, 단순 헤르페스 감염 등은 젖을 먹일 때 감염되기도 한다. 내성균이 수유를 할 때 전파된다는 가능성도 부정할 수 없다.[주4]

모유에도 분유에도 각각 장단점이 있는데, 감염증 면에서도 속성 하나하나를 따져보면 장점과 단점을 모두 서로 갖고 있다. 엄마와 아기의 건강 상태에 따라 맞춰 선택하는 것이 좋다. 어느 하나만 고집하며 상대방을 헐뜯는 것은 성숙한 행동이 아니다. '선택 사항이 있다'는 것 자체가 훌륭한 일이다.

주1 고이케 미치오: 소아감염 면역 23:1-2, 2011.
주2 이기미 시즈노부, 아사쿠라 히로시: IASR 29: 223-224, 2008.
주3 Joint FAO/WHO Workshop on Enterobacter Sakazakii and Other Microorganisms in Powdered Infant Formula. Executive Summary(http://www.who.int/foodsafety/publications/micro/summary.pdf).
주4 Health JA, Zerr DM: Infectious Diseases of the Fetus and Newborn Infant 6th ed: 1179-1205, 2006.

제

실험실

끔찍한 겉모습에 비해 아프지는 않은

라카지아 로보이

Lacazia loboi

말 한번 잘하네,
이름도 자꾸 바뀌는
병원균이?

누룩곰팡이는 성스러운
물을 뿌리는 도구와
'벼'에서 유래했대.

이름이 좋은지
아닌지는
그 세균이 어떻게
사는지 보고
인간이 정하는 거야.

기묘한 세균 이름의 불우한 변천

라카지아 로보이란 상당히 희귀한 미생물이다. 전문가들조차도 들어본 적이 없는 사람이 꽤 있을 것이다. 나도 최근에야 이 세균의 존재를 알았다.

이 세균에 관한 글은 1930년까지 거슬러 올라

간다.주1 주2 호르헤 로보 박사가 브라질에서 인간의 피부와 피하감염증을 보고하면서 진균에 원인이 있다고 주장했다. 피부 병변을 사부로배지에서 배양했더니 진균이 검출된 것이다. 로보는 이 균을 '글레노스포렐라 로보이'라고 이름 지었다.

그러나 실제로 이 균은 파라콕시디오이디즈 브

라질리엔시스라는 원래 있던 이형성 진균이라는 사실이 나중에 판명되었다. 피부 병변을 일으킨 미생물은 인공 배지에서 자라나지 않기 때문에 다른 균이 잘못 검출된 듯하다. 나중에 이 '발견하지 못한 세균'에는 '파라콕시디오이데스 로보이'라는 이름이 붙여졌고, 그 피부병은 로보진균증이라고 불렀다. 영어로 하면 로보마이코시스(lobomycosis)인데, 왠지 이름이 멋있다.

그런데 새로운 진균에 이름을 붙일 때는 영어뿐만이 아니라 라틴어로 기재해야 한다. 이 작업을 빼뜨렸기 때문에 '파라콕시디오이데스 로보이'는 정식 이름이 아니라는 비판이 생겼다.

1996년이 되어서야 카를로스 다 실바 라카즈라는 브라질의 또 다른 박사가 라틴어를 같이 써서 정식으로 이 세균의 이름을 정했다. 이것이 인정되어 이 세균의 이름이 '라카지아 로보이'로 정해졌다. 라카즈가 이 틈을 타 세균 이름에 자신의 이름을 약삭빠르게 끼워 넣은 것이다. 라카즈는 폰세카에아 페드로소이(96페이지)에 나온 폰세카와 같이 연구했던 사람이다. 세상은 참 좁다.

줄줄이 이어지는 동그란 세균은 마치 진균계의 연쇄구균

라카지아 로보이는 보통 흙이나 물에서 사는데, 피부 상처를 통해 인간에게 감염되면 특이한 궤양성 피부 병변이 생긴다. 화상 자국 비슷하게 색깔이 변한 곳에 궤양이 생기는데, 겉보기에는 심해 보여도 생각보다 아프지 않다는 특징이 있다. 피부 리슈마니아증(원충 감염증)이나 한센병(항산균 감염증), 파라콕시디오이데스진균증과 같은 다른 피부 진균 감염증과 헷갈리기 쉽기 때문에 정확하게 진단하지 못하는 경우가 많다.

그러나 파라콕시디오이데스진균증은 가성 균사(균사와 모양이 비슷한 구조)가 균체보다 작고 옛날 만화에서 얻어맞은 사람에게 생기는 혹처럼 보이는 데 비해, 라카지아 로보이는 똑같이 생긴 동그란 균이 사슬 모양으로 늘어서 있다는 특징이 있다. 진균계의 연쇄구균처럼 말이다.

외과 기술로 잘라내어 치료하는데, 항진균제를 같이 쓰기도 한다.

주1 Taborda PR, Taborda VA et al: Lacazia loboi gen. nov., comb. nov., the etiologic agent of lobomycosis: J Clin Microbol 37: 2031-2033, 1999.

주2 Cheuret M, Miossec C et al: A 43-year-old Brazilian man with a chronic ulcerated lesion: Clin Infect Dis 59: 314-315, 2014.

병을 일으키지 않는 타입도 있다

에볼라 바이러스
Ebola virus

킥킥

우리는
매우 치명적이고
무서운 바이러스지.

이렇게 요란한
바이러스는
인간이
가만두지 않지요.

에볼라 바이러스

'출혈열'인데
출혈하는 사람은 적다!?

이번에는 세균이 아니라 바이러스 이야기다. 요즘 들어 이 바이러스 때문에 시끌벅적하다. 에볼라 바이러스가 일으키는 병을 '에볼라 열' 또는 '에볼라 출혈열'이라고 한다.

바이러스성 출혈열(viral hemorrhagic fever: VHF)은 발열, 컨디션 저하, 근육통, 혈액 응고 이상으로 대표되는 증후군이며 다발성 장기부전, 쇼크, 나아가 죽음에 이르는 일도 많다.[주1]

바이러스성 출혈열을 일으키는 원인에는 여러 가지가 있는데, 그중 하나가 필로바이러스다. 필로바이러스에는 마르부르크 바이러스와 에볼라 바이러스가 있다. 둘 다 중증 바이러스성 출혈열의 원인이다.

에볼라 바이러스는 다섯 종류로 분류되는데, 자이르형, 수단형, 레스턴형, 코트디브와르형, 분디부교형이 있다. 에볼라 출혈열은 자이르(현재 콩고민주공화국)와 수단 남부(현재 남수단공화국)에서 1976년에 발견되었다. 그 후 중앙아프리카 각 나라에서 드문드문 작은 유행을 반복하다가 2014년 3월경부터 서아프리카에서 첫 유행이 시작되었고(최초 환자는 전년도에 발생했다는 사실이 나중에 밝혀짐), 이것이 걷잡을 수 없을 정도로 크게 퍼져나갔다.

손을 쓰기 위해 달려간 선진국의 전문가들도 현지에서 감염되었다. 스페인과 미국의 병원 안에서도 감염이 일어났고, 결과적으로 아프리카 이외의 나라에도 바이러스가 전파되었다.

레스턴형 에볼라 바이러스는 유일하게 아프리카 이외의 지역인 필리핀 원숭이로부터 발견되었으며 인간에게 병을 일으키지 않는다고 알려져 있다. 나머지는 모두 기본적으로 아프리카에만 존재한다.

에볼라 바이러스의 자연 숙주는 알 수 없지만, 박쥐가 매개체로 큰 역할을 했다는 사실은 밝혀졌다. 잠복 기간은 최대 21일이고, 그 사이에 사람 사이에 감염을 일으키는 일은 없다고 추측된다. 발열, 근육통, 전신 권태감 등 유행성 출혈열과 비슷한 증상이 나타나지만 병세가 심하고 치사율이 높다. 하지만 의외로 출혈을 하는 사람은 적다. 나는 한 번 정해진 감염증 이름을 자꾸 바꾸는 것을 반대하기 때문에 '에볼라 출혈열'을 그대로 써도 좋다고 생각한다.

까다롭고 위험한 감염증

에볼라 바이러스는 아프리카 지역에서 유행하고 있지만 다른 대륙도 안심할 수는 없다. 사망률은 90퍼센트라고도 하지만, 선진국에서 제대로 된 치료를 받으면 20퍼센트대까지 떨어뜨릴 수 있다.

여러 항바이러스제가 개발되고 있다. 국내에는 발병할 가능성이 적지만 아프리카의 유행지역을 여행하는 사람들은 특히 조심해야 할 전염병이다.

주1　Geisbert TW et al. In. Bennett JE et al(ed): Mandell, Douglas, and Bennett's Principles and Practice of Infectious Diseases, 8th ed. 2014.

돼지는 물론 다양한 척추동물에 정착

돼지단독균
Erysipelothrix rhusiopathiae

우리 이야기 좀 들어 줘!

돼지단독균

VRE

미안해, 안 불렀는데…

우리 부른 거 아니야?

류코노스톡

후다닥

젖산균

페디오코쿠스

후다닥

돼지단독균은 전염병인 돼지 단독을 일으키는 원인균이다. 흔히 돼지고기나 생선을 취급하는 사람에게 감염된다.

오래전부터 친밀한 균

돼지단독균은 정취 있고 유서 깊은 균이다.[주1] 1878년에 로베르트 코흐가 이 그람양성간균을 분리해냈고, 이어서 1882년에는 루이 파스퇴르도 분리해냈다. 1886년에는 돼지 단독(피부 감염증)의 원인균이라는 사실을 알게 되었고, 1909년에는 인간에게도 병을 일으킨다는 사실을 알게 되었다. 로젠바흐는 일반 단독(erysipelas)과 닮았지만 다르다고 해서 '비슷하다'는 뜻을 가진 '-oid'를 붙여 유단독(erysipeloid)이라고 이름 지었다.

이 균은 세계 곳곳에서 발견되는데, 물론 국내에도 존재한다. 가축 돼지에서 자주 검출되기 때문에 돼지라는 이름이 들어갔지만, 실제로는 다양한 척추동물에게서 발견되며 닭이나 양 등에서도 발견된다는 사실이 최근에 밝혀졌다. 물고기에게도 이 균이 정착하는 듯하다. 가축을 기르는 곳에서 진드기를 매개로 하여 길게 생존한다고 알려졌다.

축산업자 등 돼지와 그 밖의 육류를 다루는 관계자들에게 감염되는 일이 많다. 앞서 말한 물고기에도 있기 때문에 어부들에게도 감염된다. 개나 고양이에게 물려 감염될 때도 있다. 사람이 사람에게 옮기나 옮기는 일은 없다고 추측된다.

있다는 뜻이다.

치료할 때 이 균은 기본적으로 페니실린에 반응한다. 또한 반코마이신에 내성이 있는 경우가 많다는 특징이 있다.

이 세균은 인간뿐만이 아니라 동물에게도 병을 일으킨다. 이것이 더 심각한 문제다. 따라서 가축에게 백신 접종을 한다. 가축 전염병 예방법에 따라 신고해야 하는 전염병이며, 병에 걸린 가축은 도축장법에 따라 도살 대상이 된다.

인터넷을 찾아보면, 가축 전염병 대상 질환은 인간의 전염병과는 달라서, 나 역시 모르는 것 투성이다. 이쪽 분야는 지식이 부족해서 동물의 감염병 연구에는 무턱대고 손을 대면 안 되겠다고 굳게 다짐했다.

돼지 '단독'인데
봉와직염과 비슷하다!?

임상적으로는 단독(세균에 감염되어 피부가 빨갛게 부어오는 피부질환)만이 문제가 되는 것이 아니라, 드물게 균혈증이나 감염성 심내막염의 원인도 된다. 그밖에도 뇌농양, 안내염, 폐렴, 복막염 등 다양한 감염증 사례가 보고되었다.

단독은 피부 감염, 봉와직염은 피부 및 피하조직 감염인데, 단독균은 피하에도 염증을 일으키는 일이 많아서 단독보다는 봉와직염 쪽이 그 병의 상태를 더 잘 표현하는 듯하다. 그러나 나는 의학용어를 바꾸는 것을 싫어해서 돼지 단독이라는 이름을 바꾸지는 않았으면 한다. 단지 이 지식은 실제적인 의미가 있어서 감염 부위의 배양을 시험할 때는 조직을 깊게 뽑을 필요가

주1 Gandhi TN et al. In. Bennett JE et al(ed): Mandell, Douglas, and Bennett's Principles and Practice of Infectious Diseases. 8th ed., 2014.

국내 강아지 중 2~5퍼센트는 항체 양성
개유산균(브루셀라 카니스)
Brucella canis

대부분의 가축, 해양 포유류, 개, 그리고 사람에게~

범위가 넓은 건지 전염 마니아인 건지.

칭찬으로 받아들일게.

간헐열, 파상열… 별난 증상

브루셀라병은 브루셀라균의 감염으로 발생되는 인수공통감염병이다.[주1] 데이비드 브루스는 육군 외과의사로 근무할 때, 유럽 몰타섬에 있던 발열 환자의 비장에서 세균을 분리했다. 1887년의 일이다. 이 브루스(Bruce)의 이름을 딴 브루셀라(Brucella)가 세균 이름이 되었다. 브루셀라병은 전형적인 인수공통감염병으로

동물 감염증으로도 유명하다. 몰타섬에서 발견된 세균은 지명을 따서 브루셀라 멜리텐시스라고 지었고, 그 후 소가 유산을 하는 원인균으로 밝혀진 세균을 브루셀라 아보르투스라고 지었다. 돼지에서 분리된 균은 브루셀라 수이스, 양에서 분리된 균은 브루셀라 오비스라고 하며 설치목에서는 브루셀라 네오토마에가 분리되었다.

그리고 이 이야기의 주인공은 바로 개에서 분리

된 개유산균(브루셀라 카니스)이다. 사실 브루셀라속균은 브루셀라 멜리텐시스, 브루셀라 아보르투스, 브루셀라 카니스로 세 종류뿐이고, 나머지는 생물형으로 세분화되어 있지만 임상에서는 위와 같이 '다른 세균'인 것처럼 쓰는 것이 일반적이다(논문에 따라 설명이 다를 때도 있다).

사람에게 개유산균이 감염되면 3주 정도의 잠복기를 거쳐 발열, 피로, 권태감, 두통 등의 감염병 진단의사들이 군침을 흘릴 만한 특이한 전신 증상이 나타난다. 이때의 열을 말타열 또는 지중해열이라고 한다. 다채로운 임상 증상 중에서도 특히 뼈의 합병증이 많은데, 천장관절염이 특징이다. 원인을 알 수 없는 천장관절염 증상을 보이면 브루셀라병을 의심한다.

이 균은 배양에서 검출되기가 어렵기 때문에 진단하기가 매우 어렵고, 혈액 배양에서는 평소보다 훨씬 더 긴 배양 기간이 필요하다고 한다. 임상병리사에게 "브루셀라가 의심되니 혈액 배양을 늘려 주세요"라고 부탁하면 왠지 능력자가 된 기분이 든다. 최근엔 자동 검출 장치로 5일만 있으면 검출할 수 있다는 기록도 있다.[주2]

브루셀라 카니스의 감염원은 '국내에 있는 개'일 수도!

여러 가지 브루셀라속균 중에 개유산균(브루셀라 카니스)은 일본에서는 개한테 감염된 사례도 보고되었다.[주3]

인간의 브루셀라병은 감염증법, 가축의 브루셀라병은 가축 전염병 예방법으로 대책을 마련하는데, 이른바 '가축'으로 분류되지 않는 '개의 브루셀라병'을 대상으로 하는 법률은 없다. 국내에 있는 개의 2~5퍼센트는 브루셀라 항체 양성이라고 한다.[주3] 그중에는 저절로 낫는 사례나 놓쳐서 못 알아차리는 사례도 많지 않을까?

진단은 위에 나온 배양검사나 혈청학적으로 하는 경우가 많은데, 에르시니아균이나 야토병균, 콜레라균이나 바르토넬라균과의 교차 반응에 주의해야 한다. 치료는 독시사이클린이나 아미노글리코사이드, 리팜피신이나 ST합제 등을 같이 쓰거나 감염증 전문가에게 상담하는 것이 좋다.

주1 Cem Gul H et al. In. Bennett JE et al(ed): Mandell, Douglas, and Bennett's Principles and Practice of Infectious Diseases 8th ed, 2014.

주2 Bannatyne RM, Jackson MC, Memish Z: J Clin Microbiol 35: 2673-2674, 1997.

주3 이마오카 고이치: 브루셀라병의 요즘 화제: 모던미디어, 55: 2009.

사망률이 30~40퍼센트인
호흡기 감염증

메르스 코로나바이러스
MERS coronavirus

감염증 박사를
피폐하게 만드는 일이
인류를 공략하는 데
중요한 부분이죠.

모든 나라가
바이러스 때문에
정말 큰일이야.

합체 로봇처럼 이름이 멋있지만, 메르스(중동호흡기증후군 middle east respiratory syndrome: MERS)를 일으키는 코로나바이러스다. MERS-CoV라고 줄여서 멋있게 표기하기도 한다.

감염증 박사들 사이에서는 크게 화제가 되었고, 초기에는 신종 코로나바이러스로 불렸다. 사우디를 비롯한 요르단, 카타르, 아랍에미리트 등 중동지역에서 환자가 집중적으로 발생했다. 우리나라는 2015년에 5월부터 전역에서 100명이 넘는 감염자가 발생하면서 공포를 높인 바 있다.

중동에서 유행하는 사스(SARS)와 비슷한 신종 감염증

메르스(중동호흡기증후군)는 2012년에 발견된 비교적 새로운 감염증이다. 코로나바이러스가 원인인 호흡기 감염증인데, 이름에서 추측할 수 있듯이 사스(중증급성호흡기증후군 severe acute respiratory syndrome: SARS)와 닮았다. 사우디아라비아를 중심으로 중동 여러 나라에서 유행했으며, 영국이나 미국 등 많은 나라로 퍼진 사례도 보인다.

사스가 흰코사향고양이에서 왔으리라 추측하는 것과 달리, 메르스는 단봉낙타에서 감염되지 않았을까 추측된다. 단봉낙타는 영어로 dromedary라고 하는데, 'drome'이란 '달리는 것'을 뜻하는 그리스어로, 낙타가 경주에 쓰였기 때문에 이런 이름이 지어졌다고 한다. 참고로 '증후군'을 뜻하는 syndrome은 'syn'(같이)과 'drome'(달리는 것)이 동시에 발생한다는 의미로, 여러 증상이 동시에 발생하는 현상을 뜻한다.

메르스 코로나바이러스에 감염되면 중증으로 발전될 경우 인공호흡기나 인공혈액투석 등을 받아야 되는 경우도 있다.

에볼라보다 무섭다!?
사람 간 감염, 높은 사망률

2014년에 메르스는 사우디아라비아의 지다에서 증가했다. 〈NEJM(New England journal of medicine)〉의 논문[주1]에 따르면, 지다에서 진단받은 255명 가운데 36.5퍼센트(93명)가 ICU(특수 치료 시설)에 들어갔고, 255명 가운데 36.5퍼센트가 사망했다. 흥미롭게도 4분의 1은 증상이 없었고 낙타도 가벼운 병으로 끝났다. 낙타는 병을 옮기는 매개동물인 것이다.

2014년 5월에 최고점을 찍고 환자 수는 감소했지만, 2015년에도 계속 발견되었으며, 그때 현재 이미 1,000건을 넘어섰다.[주2] [주3] 메르스는 사람 간 감염이 전파되는 호흡기 감염증으로, 지다에서도 20퍼센트 이상의 의료 종사자들이 감염되었다. 게다가 사망률은 30~40퍼센트로 사스보다도 높다. 선진국에서도 사망률이 높아서 솔직히 제어하기가 더 쉬운 에볼라보다 무서운 바이러스다.

최근에 메르스는 조류인플루엔자A(H7N9)와 함께 제1급 감염병에 추가되었다. 중동은 여러 교통수단의 발달로 이젠 먼 곳이 아니다. 우리나라의 문제가 아니라고 가만히 넣고 있다가는 큰 코 다친다.

주1 Oboho IK, Tomczyk SM et al: N Engl J Med 372: 846–854, 2015.

주2 WHO. MERS-CoV: Summary of Current Situation, Literature Update and Risk Assessment-as of 5 February 2015(http://www.who.int/csr/disease/coronavirus_infections/mers-5-february-2015.pdf).

주3 ECDC. MERS-CoV: 8 March 2015(http://www.ecdc.europa.eu/en/publications/Publications/MERS_update_08-Mar2014.pdf).

많은 연쇄구균들을 통틀어서

녹색 연쇄구균
Viridans streptococci

죄송한데,
의사 선생님 좀
불러 주세요~

꺄~

똘똘 뭉쳐
있지 말고
분류대로
떨어져.

S. 뮤탄스

S. 콘스텔라투스

S. 미티스

S. 안지노수스

'녹색 연쇄구균(비리단스 스트렙토코치)'은 세균 이름이 아니다. 혈액 한천 배지에서 알파 용혈하여 녹색으로 보인다고 해서 이 이름이 붙었다. 녹색을 뜻하는 라틴어 '비리단스'를 사용했다. 이 그룹에 있는 세균들은 겉보기에도 똑같고 성격도 비슷비슷하니 한꺼번에 다루려고 한다.

크게 여섯 그룹으로 분류

1906년에 앤드루즈와 호더는 비슷비슷한 균들을 스트렙토코쿠스 미티스 그룹으로 대충 묶었다.[주1] 현재는 이것이 6개의 그룹으로 나뉘는데, 스트렙토코쿠스 뮤탄스, 스트렙토코쿠스 살리바리우스, 스트렙토코쿠스 안지노수스, 스트렙토코쿠스 미티스, 스트렙토코쿠스 상귀니스,

스트렙토콕쿠스 보비스 등으로, 이 분류 방법도 상당히 뭉뚱그려 묶어서 제대로 된 기준은 없다.

폐렴연쇄구균은 알파 용혈이고 16S rRNA 염기배열을 기준으로 하면 미티스 그룹에 속해야 하는데, 전통적으로 비리단스 그룹에는 들어가지 못한다.[주2] 폐렴과 수막염의 가장 큰 원인균은 미생물학적으로 미티스 그룹이더라도 임상학적으로는 아예 다른 균이기 때문이다.

이를 테면 안지노수스 그룹은 스트렙토콕쿠스 안지노수스, 스트렙토콕쿠스 콘스텔라투스, 스트렙토콕쿠스 인터메디우스로 나눠진다. 그러나 스트렙토콕쿠스 콘스텔라투스도, 스트렙토콕쿠스 인터메디우스도 역사적으로는 스트렙토콕쿠스 안지노수스라고 불렸던 시절이 있었고, 한때는 스트렙토콕쿠스 밀레리라고 불렸다(이 밀레리는 정착률이 높아서 지금도 임상 현장에서는 '옛날에 밀레리였던 것'이라고 불리고 있다).

게다가 안지노수스 그룹은 알파 용혈뿐만이 아니라 베타 용혈하는 것이나 용혈하지 않는 것도 섞여 있다. 원래 알파 용혈해서 '녹색'이 되는 것이 '비리단스'인 이유였는데 존재의 가치를 잃어버린 것이다.

그래서 감염증의 마에스트로인 아오키 마코토 교수는 안지노수스 그룹(옛 밀레리)에 농양 형성을 하기 쉬운 경향이 있다는 것 외에는 "임상적으로 눈에 띄는 특징은 없다"[주3]라고 딱 잘라 말했다.

한 가지 기억해야 할 것은 스트렙토콕쿠스 보비스 그룹이다. 여기에는 스트렙토콕쿠스 에퀴누스, 스트렙토콕쿠스 갈로리티쿠스, 스트렙토콕쿠스 알락토리티쿠스 등이 있다. 사실 더 자세한 세균 이름으로 바뀌어서 '스트렙토콕쿠스 갈로리티쿠스 아종 파스테우리누스'나 '스트렙토콕쿠스 갈로리티쿠스 아종 갈로리티쿠스'로 되어 있지만 간단하게 '보비스 친구들'로 정리하면 된다(반대 의견도 있다). 스트렙토콕쿠스 보비스로 생기는 균혈증은 대장암 등 악성 질환과 관련이 있어 기억해둬야 한다.

녹색 연쇄구균은 기본적으로 사람의 구강 속, 소화관, 비뇨 생식 기관 등에 살면서 병의 원인은 대체로 되지 않는다. 그러나 감염성 심내막염의 원인으로는 유명해서 혈액 배양부터 이러한 세균이 자라났을 때는 결코 소홀히 다뤄서는 안 된다. 일반적으로는 페니실린이 효과를 보이기 때문에 비교적 치료는 간단한데, 병원 내 감염으로 면역이 약한 환자에겐 상당한 내성균이기도 하므로 주의가 필요하다.

이 이야기를 읽고 '다 이해했어!'라고 생각했다면, 의사나 감염증 박사가 되는 걸 추천한다. 원래 어렵게 느껴지는 게 맞는 거다.

주1 Doern CD, Burnham CA: J Clin Microbiol 48: 3829–3835, 2010.
주2 요시다 신치이, 야나기 유스케 엮음: 《도다 신세균학》 개정, 34판, 2013.
주3 아오키 마코토: 레지던트를 위한 감염증 진료 매뉴얼, 제3판, 2015.

성감염증의 대표격

임균
Neisseria gonorrhoeae

성관계 조심

너는 어디에서 왔니?

잠깐만, 친구한테 물어보고 올게.

임균

임병(임질)은 임균의 감염으로 생기는 성병(性病)이다.[주1] 기본적으로는 성매개 감염병으로, 요도염이나 자궁경부염 등의 원인이 된다. 때에 따라서는 직장염, 인두염의 원인도 된다.
주로 보균자와 성관계로 전염되며, 오줌을 눌 때 요도가 따갑고 고름이 나온다.

인류 역사상 가장 오래 된 병!?

이 '임(淋, 물 뿌릴 림)'이란 글자는 평소에 잘 못 보던 한자다. 사전을 살펴보면 '물을 따르다', '방울방울 떨어지다'라는 뜻이 있다. 임병은 요도염으로 인한 음경에서 떨어지는 고름 때문에 지어진 이름일지도 모른다. 그런데 사전에 따르면 '임병(痲病)'이라고 할 때 임질 림(痲)이라는 한자를 쓰기도 하니, 그 한자 때문에 임균이라 불렀을 가능성도 있다.

임병은 인류 역사상 가장 오래 된 병 중 하나다. 고대 중국의 자료나 《구약성서》 등에도 기록이 남아 있다고 한다. 130년경에 갈레노스가 임질(gonorrhea)이라고 이름을 지었다. 'gono'는 'gene'과 같은 어원을 가지며 '종자'를 의미한다. '-rrhea'는 '흐르다'라는 뜻으로 지금도 콧물(rhinorrhea) 등에 쓰인다. '종자가 흐르다'라는 뜻으로 동서양을 막론하고 임병은 여기저기 흘러 퍼져나간 병인 것이다.

내성균과의 끝없는 싸움

임병의 원인균인 임균은 1879년에 독일의 나이서가 발견했고 1882년에 레이스티코우와 뢰플러가 순수 배양에 성공했다. 그람음성쌍구균이다. 그람음성구균 중에 임상적으로 질병과 관계 있는 세균은 다섯 손가락 안에 꼽을 정도밖에 없으니 꼭 기억하도록 하자.

치료약으로 1930년대에 도마크가 술폰아미드를 개발했고, 플레밍 등이 노력하여 페니실린을 개발하여 1940년대에 실제로 쓸 수 있게 되었다. 그래서 한때 임병은 이들 항균제로 간단히 치료할 수 있다고 추측되었다. 그러나 그것도 잠시, 페니실린에 내성을 보이는 임균이 나타났다. 늘 그렇듯이 세균과 인간 사이에서 내성균이 생기면 신규 항균제를 만들고, 또다시 내성균이 생기는… 끝없는 싸움이 반복되었다. 의학 세계에서는 매독 환자의 상태를 보고도 아무런 치료를 하지 않고 그저 지켜보기만 한 터

스키기 매독 생체실험이 '비윤리적인 연구'로 유명하다.[주2] 그러나 같은 미국의 연구자들이 과테말라에서 이와 비슷하게 비윤리적인 연구를 했다는 사실은 별로 알려져 있지 않다. 정신질환을 가진 사람이나 수감자, 매춘부, 군인을 대상으로 의도적으로 임균 등 성감염증의 병원체를 접종하는 실험을 한 것이다.

인간이란 참으로 지독한 짓을 잘도 생각해낸다. 이런 비윤리적인 연구는 지금도 의학계 여기저기서 이루어지고 있다. 그런 생체실험에 대한 진정한 싸움은 지금도 계속되고 있다.

주1 Marrazzo JM et al. In. Bennett JE et al(ed): Mandell, Douglas, and Bennett's Principles and Practice of Infectious Diseases. 8th ed., 2014.

주2 Frieden TR, Collins FS: JAMA 304: 2063–2064, 2010.

네가 등장하는 책이 있어. 광고하는 건 아니야. 결코!

내가 그렇게 유명해?

수막구균

수막구균은 수막구균성수막염의 주요 원인이며, 유행성뇌척수막염의 특이성 병원균이다. 수막구균[주1]은 앞서 나온 임균의 친구다. 그람염색을 하면 거의 똑같게 보인다. 임균은 수액이고 수막구균은 농뇨(오줌에 고름이 섞여 있음) 염색이지만 말이다. 임균은 성병의 원인이고, 수막구균은 말 그대로 수막구균성수막염의 원인이다. 비말감염 또는 환자나 병원체 보유자의

호흡기 분비물에 직접 접촉했을 때 감염된다. 수막구균 감염증은 1805년에 제네바에서 처음으로 보고되었다. 점상출혈(피부나 점막에 검붉은 반점을 나타내는 미세한 출혈)을 동반한 발열, 중추신경 증상, 높은 사망률로 주목받았다.

수막구균은 '감염병계의 지킬과 하이드'라고도 불린다. 인간에게만 감염되며, 코나 인두에 붙

어 있기만 해서는 평소엔 병을 일으키지 않지만, 집단생활 속에서 집단감염을 일으킨다. 제1차 세계대전 중에도 많은 병사들이 이 세균에 감염되어 고통을 받았다고 한다.

전 세계 인구의 3~25퍼센트는 수막구균 보균자라고 한다. 그런데 이게 수막구균성수막염 등 중증 감염증을 일으키면 그 치사율이 매우 높다(개발도상국에서 20퍼센트, 선진국에서도 10퍼센트). 병을 이겨내고 살아남더라도 오랜 기간 신경장애를 일으키는, 실로 무시무시한 병이다.

수막구균은 혈청학적으로 분류되는데, 인간에게 병을 일으키는 주원인은 6개로, A, B, C, W-135, X, Y다. 왜 이렇게 분류 이름을 어렵게 만들었나 싶은 생각이 든다.

일본에서도 백신 승인을!

아프리카 중앙부를 가로지르는 지역에서는 특히 수막구균 감염증이 많고, 이를 '수막구균성 수막염 벨트'라고 한다.

또한 중동에서는 성지순례가 자주 문제가 된다. 핫즈(대순례) 기간은 전 세계에서 이슬람교도들이 모여들어 텐트에서 잠을 자는데, 그때 집단감염을 일으킨다. 따라서 순례자들은 수막구균 백신을 맞아야 한다.

일본에서는 수막구균 백신을 권장하지 않았었는데, 2014년에야 드디어 승인받았다. 이는 혈청형 A, C, Y 및 W-135에 효과가 있는 4가 백신이다. 아쉽게도 일본에서 가장 많은 수막구균은 혈청형B인데 근래 들어 이 혈청형B에 대한 수막구균 백신이 개발되었고, 2014년에 미국에서도 이 백신이 승인받게 되었다.

사실 혈청형B에 대한 백신 개발이 서양에서는 지지부진했었지만, 이미 20세기에 이 개발에 성공한 나라가 있다. 바로 쿠바다. 아는 사람은 다 알겠지만 쿠바는 의료 선진국으로, 건강 분야에서 성과를 내고 있다. 그것도 아주 저렴하게 국민에게 보급할 수 있을 정도다.

참고로, 예정대로 하지 못했던 예방접종을 뒤늦게 하는 것을 의료업계 용어로 '캐치 업'이라고 한다. 이것이 정기 접종에 반영되지 않아서 일본의 정기 예방접종은 효과를 말하기가 곤란한 상황이다(대표적인 예는 폐렴구균 백신). 이러한 제도상 문제도 역시 캐치 업이 필요하다는 그럴싸한 주장으로 이야기를 마치겠다.

주1 Stephens DS et al. In. Bennett JE et al(ed): Mandell, Douglas, and Bennett's Principles and Practice of Infectious Diseases, 8th ed., 2014.

동물과 접촉했는지가 포인트

헬리코박터 시나이디
Helicobacter cinaedi

너 같은 녀석은
곧 이름이 바뀌니까
외워야 할지 말지
모르겠네.

헬리코박터속이라고
하면 필로리균이
유명하지만,
완전히 다르다고
보면 돼.

수다   쟁이

앗, 백신!
개, 고양이, 닭,
햄스터, 돼지 등등에도
살고 있어서
의사 선생님이
나에게
인수공통전염병의
원인균이라고
했던 것 같은데,
너한테 아직 다
알려주지는 않겠어.

헬리코박터 시나이디

헬리코박터 시나이디는 해외에서 거의 주목을 받지 못해서 학회에서 거론되는 일도 거의 없다. 그래서 정확한 발음도 알 수 없다. 유명하지 않은 세균이기 때문에 외래어 발음을 알려주는 애플리케이션에도 실려 있지 않다. 인터넷으로 찾아보면 라틴어로 '치나이디' 또는 '시나이디'

라고 발음하는 듯하다.[주1]

면역결핍증 아니어도 감염

헬리코박터 시나이디는 원래 에이즈 등 면역결핍증 환자의 연부조직 감염증 및 그와 같이 오는 균혈증의 원인으로 알려지게 된 나선균이다. 'cinaedi'라는 라틴어는 동성애자를 뜻한다. 옛 날에만 해도 에이즈가 동성애자들이 걸리는 병이라고 추측되어져서 이런 이름이 붙었던 것이다. 사실은 동물의 장관에 생식하는 균이기 때문에 고양이나 개, 햄스터 등의 동물과 접촉한 적이 있는지도 확인하는 게 감염증 진단에 중요하다.

일본에서는 2003년 이후에 헬리코박터 시나이디가 혈액 배양검사로 검출되었고, 특히 검사 영역에서 주목을 받게 되었다. 이 균을 주제로 쓴 논문 중에 특히 21세기 이후에 발표된 논문은 거의 일본 연구가들이 쓴 것이었다.

일본에서 헬리코박터 시나이디는 암 환자나 투석 환자에서 자주 발견되는 경향이 있다. 그러나 에이즈 같은 면역결핍증 환자가 아니더라도 헬리코박터 시나이디 감염증은 생길 수 있고, 임신한 산모로부터 뱃속 태아의 수직감염도 가능한 거로 알려져 있다.

혈액 배양에서 발견되는 나선균은 캄필로박터 페투스 또는 헬리코박터 시나이디

일본의 혈액 배양검사 보틀은 BACTEC(BD)와 BACT/ALERT 3D(시스멕스)를 주로 쓰는데, 헬리코박터 시나이디는 거의 BACTEC의 호기 보틀에서만 자라나는 것이 특징이다. 하지만 BACTEC를 사용해서 배양할 때도 자라는 데 오랜 시간이 걸리고, 키우기가 어렵다.

PCR검사로 확정 진단을 할 때도 있다. 혈액 배양에서 나선균이 발견되면 헬리코박터 시나이디와 캄필로박터 페투스를 당연한 듯 먼저 생각한다. 헬리코박터 시나이디가 더 길다.[주2]

치료에는 다양한 항균제가 이용되는데, 페니실린계나 퀴논론계의 항생제에 내성을 보이거나 치료 실패 사례가 보고되기도 하였다. 테트라사이클린계로 치료하는 경우도 많다.[주3]

주1 http://www.howtopronounce.com/latin/cinaedi/

주2 오쿠스 기요후미: 지금 알고 싶은 임상 미생물 검사 실천 가이드-진기한 세균의 동정과 유전자 검사와 질량 분석, 'Medical Technology' 별책, 2013.

주3 Yoshizaki A, Takegawa H et al : J Clin Microbiol. Jun 24 : JCM. 00787-15, 2015.

도둑처럼
살금살금 다니면서
잘난 척하기는!

뭐,
등잔 밑이
어두운 거지.

푸소박테리움 네크로포럼

A군 용련균

사실 일반적이면서
예후도 나쁘지 않은 감염증!?

푸소박테리움 네크로포럼은 박테로이드속 등과 마찬가지로 편성혐기성(발효만으로 에너지를 얻기 때문에 산소가 없는 곳에서만 자라는 성질)의 그람음성간균이다.[주1] 동물 감염증의 원인으로 알려져 있는데 인간에게도 1900년

에 극증형 패혈증 보고가 있었고, 그때부터 (인간의) 의학계에서 알려지게 되었다.

이 균이 감염증 박사들 사이에서 유명해진 것은 1936년에 레미에르가 혐기성균(산소가 있더라도 자라는 세균)의 패혈증 보고를 하고 나서다.[주2] 이 중에서 특히 인두염이나 편도 주위 농양과 내경정맥의 혈전성 정맥염을 동반하는 꽤 심각한 감염증의 원인이 푸소박테리움 네크로포럼이었던 것이다. 이 감염증을 현재는 레미에 르증후군(괴사성 간균증)이라고 부른다.

레미에르증후군은 아주 보기 드물어서 감염증 박사들도 그렇게 자주 볼 수 있는 것은 아니다. 대부분의 내과 의사들은 평생에 한 번 볼까 말까 할 정도다.

그런데 이 무서운 푸소박테리움 네크로포럼이 아주 일반적이고 예후도 나쁘지 않은 급성 인두염의 중요한 원인균이라는 사실이 최근에 밝혀졌다. 의외로 푸소박테리움 네크로포럼 감염증은 흔히 볼 수 있는 현상이었던 것이다. 이를 밝혀낸 사람은 그 세균성 급성 인두염의 센터 기준(Centor criteria)을 만든 센터란 박사다. 여기서 센터는 'center'가 아니라 'centor'다.

센터 박사의 발견 전까지 왜 이런 간단한 사실을 알아차리지 못했을까? 먼저, 편성혐기성균은 일반적인 인두 배양검사에서는 잡아낼 수 없다는 점을 들 수 있다. 그리고 또 하나, 푸소박테리움 네크로포럼은 구강 내에 늘 있는 세균이기 때문에 균의 존재가 질환에 어떤 기여를 하는지, 그 관련성을 알아내기가 힘들었다는 점도 있다. 센터 박사는 혐기 배양검사를 추가해서 증상이 없는 학생의 푸소박테리움 네크로포럼의 보균자율(9.4퍼센트)보다 인두염을 일으킨 학생의 푸소박테리움 네크로포럼 양성률(20.5퍼센트)이 훨씬 더 높다는 사실에서[3] 지금까지 놓치고 있었던 것을 알아냈다.

센터 박사의 논문은 또 다른 중요한 사실을 알려준다. 감염 증상이 없어도 A군 용련균(고전적인 세균성 급성 인두염의 원인)이 붙어 있을 때가 있다(1.1퍼센트)는 사실이다.

예컨대 목이 살짝 빨갛고 가벼운 인두염이 있는데, 배양검사에서 A군 용련균이 자라나면 예전에는 'A군 용련균 때문에 생기는 가벼운 인두염'이라고 판단했다. 그러나 사실은 배양에서 자라나지 못한 푸소박테리움 네크로포럼이 질환의 범인일지도 모르고, 다른 바이러스 때문일지도 모른다. 병명을 진단했다고 해서 반드시 어떤 세균이 그 속에 존재하는지 명확하게 밝혀냈다고는 볼 수 없는 것이다.

이것은 사실 심각한 문제이다. 하지만 더 이야기했다간 끝이 나지 않을 같아서, 아무튼 이것이 심각한 상황이라는 사실만이라도 독자들이 알았으면 좋겠다.

주1 Cohen-Poradosu R et al. In. Bennett JE et al(ed) : Mandell, Douglas, and Bennett's Principles and Practice of Infectious Diseases. 8th ed., 2014.

주2 Hagelskjaer Kristensen L, Prag J : Clin Infect Dis 31 : 524-532, 2000.

주3 Centor RM, Atkinson TP et al: Ann Intern Med 162: 241-247, 2015.

내성이 강해서 병원 내 감염의 원인
엔테로박터 에어로게네스
Enterobacter aerogenes

이름이
자꾸 바뀌니까
외우려면
힘들겠다.

전 아무것도
변한 게 없으니
인간들이
힘들겠죠.

처음부터~계속
엔테로박터 콜리

2020년 현재
엔테로박터 에어로게네스

듣고 보니 그러네.

다른 이름 아스페르길루스 오리제
누룩곰팡이
(A. 오리제)

장내세균과 또는 엔테로박테리아과는 장 속에 있는 일정 그람음성간균의 한 무리를 일컫는다. 학명으로는 장내세균과(엔테로박테리아시에, Enterobacteriaceae)라고 표기하는데, 나 역시 늘 스펠링이 헷갈린다.

장내세균과는 장 속에 있는 세균을 통틀어서 말하는 것이 아니라, 그 일부인 통성혐기성 그람음성간균만 가리키고, 또한 그 일부에 엔테로박터속(Enterobacter)이 있다. 임상적으로는 엔테로박터 클로아카가 가장 유명한데, 다음이 이

이야기의 주인공인 엔테로박터 에어로게네스고, 그 다음이 엔테로박터 사카자키 정도다.

아, 맞다! 엔테로박터 사카자키는 2008년에 크로노박터 사카자키로 이름이 바뀌었다(114페이지). 하지만 감염 질환 교과서인 《만델》[주1]의 최신판에도 아직 엔테로박터 사카자키라고 적혀 있다.

이처럼 임상 현장에 있는 감염증 박사와 미생물 연구가들 간에 사용하는 용어가 서로 조금씩 이렇게 차이가 있다. 예컨대, 학계에서는 미생물

학적으로 페스트균이 '장내세균과'에 속하지만, 우리 감염증 임상 현장에서는 그것을 '장내세균'으로 인식하지 않는다.[주2]

복잡하고 어려운 개명의 역사

엔테로박터 에어로게네스(Enterobacter aerogenes)는 원래 에어로박터 에어로게네스(Aerobacter aerogenes)라고 불렸는데, 1960년에 엔테로박터로 바꾸자는 의견이 나와서 이름을 고쳤다.[주3]

그러나 1971년에도 이를 클렙시엘라 모빌리스(Klebsiella mobilis)로 바꾸자는 제안이 있었다. 연구해보면 확실히 클렙시엘라속과 공통되는 부분이 많다. 그러나 이후 모든 게놈을 해석하면서 2013년엔 클렙시엘라 에어로모빌리스(Klebsiella aeromobilis)라는 이름으로 바꾸는 게 낫겠다는 의견도 나왔다. 이건 마치 일본의 유명 만담가 신쇼도 새파랗게 질릴 정도다. 참고로 그는 '신쇼'라는 이름으로 바꿀 때까지 16번을 개명했다고 한다.[주4]

엔테로박터 에어로게네스는 병원 내 감염의 원인으로 알려져 있고, 혈류감염, 폐렴, 요로감염 등 무엇이든 가능하다. 게다가 다제내성균(다양한 항생제에 내성을 가진 병균)이 많다. 감염체에는 AmpC 베타락타메제를 갖고 있으며 세파졸린과 같은 제1세대 세펨에는 내성이 있다. 이것이 유도되어 내성 물질이 대량 생산되면 제3세대 세펨에도 내성을 갖게 된다. ESBL(광범위 베타-락탐계 항생제 분해효소)이라는 다른 내성을 가지는 경우도 많다.

엔테로박터 감염증은 환자의 상태 파악이 중요

만약 배양검사 결과에서 '제3세대 세펨 감수성'이라고 나와도 항생제 치료 중에 내성을 보이는 경우도 있기 때문에 주의해야 한다. 쉽게 세프트리악손 같은 약을 사용했다가 큰 코 다친 사례도 있다. 한 번 화를 당하면 다음부터 조심스러워지듯이, 카바페넴 같은 것을 자주 사용하면 이 또한 내성화가 문제된다. 이미 카바페넴 내성 장내세균속 균종(CRE)은 심각한 문제로 알려져 있다.

따라서 엔테로박터 감염증을 치료할 때는 환자의 상태를 잘 파악해야 한다. 비록 온몸의 상태가 좋아서 세프트리악손이 효과가 있어도 방심해서는 안 된다. 매일 조마조마한 마음으로 환자를 주의 깊게 계속 관찰하는 것이 중요하다. 환자에게 관심을 보이지 않으면서 감염증 박사라고 떳떳하게 말할 순 없는 법이다. 세균만 보지 말고 환자도 유심히 살펴야 한다.

....

주1　Donnenberg MS. In. Bennett JE et al(ed): Mandell, Douglas, and Bennett's Principles and Practice of Infectious Diseases. 8th ed. 2014

주2　궁금해서 찾아봤더니 《도다 신세균학》 개정 34판에서도 엔테로박터 사카자키라고 쓰여 있었다. 요시다 신이치 외 엮음, 장내세균과의 세균. In. 《도다 신세균학》 개정 34판, 2013.

주3　Davin-Regli A, Pages JM: Front Microbiol 6: 392, 2015.

주4　개명 횟수에 대하여 여러 가지 재미있는 이야기가 전해진다.

....

인간에게 갈까,
동물에게 갈까?

그래서 결국
어디로 갈 건데?

로도콕쿠스 에퀴는 그람양성간균이다. 이 부분
이 먼저 이해가 가지 않는다. '콕쿠스(coccus)'
란 구균을 뜻하기 때문이다. 원래 이 세균은 코
리네박테리움 에퀴(Corynebacterium equi)
라는 이름이었다. '코리네(coryne)' 하면 그람
양성간균이다. 그러나 작고 알알이 있기 때문에
구균으로 보이기도 한다. 그래서 이런 것을 구
간균이라고 한다. 우리가 알고 있는 인플루엔

자균도 구간균이다. 구간균은 실제로 간균이기
때문에 '코리네'라고 불렀는데, 그것을 '콕쿠스
(coccus)'라고 이름을 바꾸면 대체 무슨 뜻인
지 알 수 없어진다.
로도콕쿠스 에퀴를 발견하고 분리한 것은
1923년이다.주1 이것은 흙에 존재하는 흔한 세
균으로, 말이나 소, 양, 돼지 등의 동물에서 자주
발견된다. 'equi(에퀴)'란 '말의~'를 뜻하는 라틴어다. 야생동물에서도 일부에서 이 균이 발견된다.

암 치료 등으로 이제는 흔하지 않은 세균!?

이 균의 인간 감염 사례가 최초로 보고된 것은 1967년이다. 스테로이드로 치료를 했던 자가면역성 간염환자에게 발병한 공동성폐렴과 피하농양의 증상에서 그 원인이 로도콕쿠스 에퀴였던 것이다.[주2]

그 후에도 로도콕쿠스 에퀴 감염은 매우 드물고 희귀했지만, HIV(인체면역결핍바이러스) 감염과 장기 이식, 암 치료가 보급되면서 중요한 기회감염으로서 주목받게 되었다. 그래도 임상 사례로서는 역시 흔히 있는 감염증이라고는 말할 수 없다. 바실루스(Bacillus)나 미구균(Micrococcus) 오염의 원인균으로 자주 오해를 받는다. 진료 의사가 이 균을 의심하고 검사실에서 '세균을 잡고자 하는 눈'으로 검사를 하는 것이 중요하다.

흥미롭게도 로도콕쿠스 에퀴는 황색포도구균이나 리스테리아와 같은 다른 균과 같이 배양하면 상승효과로 용혈을 일으킨다. 그리고 미생물학적으로는 이미페넴과 다른 베타락탐제를 같이 써서 길항(유사한 것들끼리 서로 대항하는 작용)을 일으킨다고 알려져 있다.

로도콕쿠스 에퀴 감염증으로는 폐렴이나 농양이 유명한데, 균혈증을 비롯하여 다양한 감염증을 일으킨다고 한다. 면역부전이 없는 경우에도 감염 사례는 보고되었다. 폐결절이나 폐공동은 여러 말 할 것 없이 '폐결핵 감별 목록에 넣어두라'는 것이다.

확립된 치료법은 없지만, 최저 6개월이라는 긴 치료 기간 동안 마크로라이드 등의 항균제를 여러 차례 사용한다.

말라코플라키아(malacoplakia)라는 특이한 이름을 가진 병이 있다.[주3] 그리스어로 부드러운 얼룩 모양을 뜻하는데, 방광과 다른 장기의 점막에 얼룩덜룩한 황색 및 회색의 반점이 나타나는 질환이다. 만성 육아종성 병변이다.[주4] 여러 가지 세균이 말라코플라키아를 일으키는데, 로도콕쿠스 에퀴도 말라코플라키아의 원인이 된다고 알려져 있다.

주1 Weinstock DM, Brown AE: Clin Infect Dis 34: 1379–1385, 2002.
주2 Sakai M, Ohno R et al: J Wildl Dis 48: 815–817, 2012.
주3 Guerrero MF, Ramos JM et al: Clin Infect Dis 28: 1334–1336, 1999.
주4 Beresford R, Chavada R et al: Clin Infect Dis 61: 661–662, 2015.

제

6

실험실

2005년에 인식된 '잠재종'
아스페르길루스 렌툴루스
Aspergillus lentulus

아, 같아 보여도 다른 거구나.

나란히 있으니까 정말 똑같지?

응!

아스페르길루스 렌툴루스

아스페르길루스 푸미가투스

아스페르길루스 렌툴루스는 '잠재종'이라 불리는 아스페르길루스의 한 종류다. '잠재종이 뭘까?' 하고 궁금한 분들도 있을 것이다.

아스페르길루스 하면 만화 〈모야시몬〉 팬들은 누룩곰팡이(아스페르길루스 오리제)를 흔히들 떠올리겠지만, 의학계에서는 아스페르길루스 푸미가투스가 좀 더 알려진 균이다. 그런데 형태만 봤을 때는 아스페르길루스 푸미가투스 같지만 자세히 조사해보면 다른 균일 때가 종종 있다. 이들의 미세한 차이는 형태적으론 구분이 되지 않기 때문에 '아스페르길루스 푸미가투스 그룹'이라고 한데 묶어버렸다.[주1] 서로 구별하지 않아도 큰 문제가 없으니 일일이 따지지 말라는 뜻일 것이다.

그러나 최근에는 세균을 확정하는 기술이 발달되면서 이처럼 형태학적으로 구별하기 어려운 세균도 짚어낼 수 있게 되었다. 그룹으로 묶지 않고 세균의 이름을 파악하여 이를 '잠재종'이라 부르며 구별하게 된 것이다. 영어로는 cryptic species라고 쓰며 잠재종 또는 자매종이라고 부른다.

아스페르길루스증의 임상 사례 가운데 10퍼센트 정도는 잠재종이라고 한다. 결코 희귀한 존재라고는 할 수 없는 것이다.

아스페르길루스 푸미가투스랑 비슷… 이 아니다!?

아스페르길루스 렌툴루스는 2005년에 '새로운 세균'으로 인식되었다. 발육이 늦다고 해서 '늦다'는 뜻의 라틴어에서 유래했다. 다른 아스페르길루스와 마찬가지로 면역능력이 매우 저하된 환자에게 침습성 감염을 일으키는 것이 특징이다.

사실 아스페르길루스 렌툴루스는 암포테리신B나 아졸계 항진균제(이트라코나졸, 보리코나졸) 등 아스페르길루스에게는 효과가 있을 만한 항진균제에 내성을 나타내는 일이 많다.[2] 따라서 '아스페르길루스 푸미가투스랑 비슷하다'로 정리할 수 없게 되었다. 아스페르길루스증은 일반적으로 감염되면 예후가 나쁘기 때문에 항생제를 쓸 때 유의해야 한다.

일본에서 발표한 아스페르길루스 렌툴루스 감염증 보고[3]에 따르면 에키노칸딘계의 항진균제로 잘 치료할 수 있는 가능성이 있다. 에키노칸딘계가 아스페르길루스에 효과를 나타낸다는 사실은 오래 전부터 알려져 있었는데, 그 치료 효과는 보리코나졸이나 암포테리신B와 비교하면 썩 좋지 않다는 것이 대부분의 감염증 박사들이 내놓는 견해이다. 따라서 감염병 진단 때 아스페르길루스 렌툴루스를 제대로 가려내는 것이 무척 중요하다.

아스페르길루스 렌툴루스는 아스페르길루스 푸미가투스와 형태적으로는 완전히 똑같기 때문에 그림으로는 똑같이 보인다. 그러나 예전에 이쓰키 교수가 겉보기에는 구별하지 못하는 다양한 대장균에서 장관 출혈성 대장균 O157을 구별해낸 것처럼[4] 비슷해 보여도 '만화의 세계'에서는 구별이 가능할 수도 있다.

* 감사의 말씀: 이 이야기는 교토대학 의학부 부속병원 감염제어부의 다카쿠라 슌지 교수님이 발표한 내용에서 영감을 받으셨습니다. 감사합니다.
* 감염증 전문가를 목표로 하는 후기 레지던트를 위한 공부 모임(Fleekic)을 정기적으로 개최하고 있습니다. 흥미가 있는 분은 찾아보세요(http://www.med.kobe-u.ac.jp/ke2bai/).

주1   Balajee SA et al: Eukaryotic Cell 4: 625–632, 2005.
주2   Alastruey-Izquierdo A et al: Mycopathologia 178: 427–433, 2014.
주3   Yoshida H et al: J Infect Chemother 21: 479–481, 2015.
주4   《모야시몬》 제1권.

유전자 타입에 따라
9개로 다시 분할하는

버크홀데리아 세파시아
Burkholderia cepacia

제노모바가
먼지 몰라
검색했더니
'유전자형'이래.

형?
그럼
동생은?
하하, 개그!

병원 내
감염의
원인균이기도
하대.

버크홀데리아 세파시아

흔히 '세파시아'라 불리는 버크홀데리아 세파시아는 호기성 그람음성간균이다. 포도당 비발효균이라서 녹농균이나 스테노트로포모나스균, 아시네토박터균 등의 친구로,[주1] 장내세균과는 다르다. 요컨대 소수파에 속하여 비중이 적은 균이다.

그러나 비중이 적다는 것은 어디까지나 분류상 그렇다는 것이고, 물기가 있는 환경 속에 널리 존재하며 완전히 드문 균은 아니다. 예를 들어

미국에서 히스패닉의 인구가 상당수지만(〈위키피디아〉에 따르면 인구의 16.3퍼센트, 약 5,000만 명이나 있다!), 아직도 소수자 집단이라고 불리는 것과 비슷하다.

소독약에 강한 내성
병원 내 감염의 원인균이 되기도

버크홀데리아 세파시아는 병원 내 감염의 원인

균으로서 문제가 된다.

실제로 이 균은 단독으로 존재하는 균이 아니라 유전자 타입에 따라 9개로 다시 분할되어 버크홀데리아 세파시아 복합체(complex)라고도 불린다. 제노모바(genomovar) I 은 버크홀데리아 세파시아(Burkholderia cepacia)와 이름이 같지만, 제노모바 II 는 버크홀데리아 세노세파시아(Burkholderia cenocepacia)라고 한다.

점점 머릿속이 복잡해지는가? 이러한 제노모바는 병원 내 집단감염 같은 역학조사에는 유용하지만, 솔직히 각 증상들에 맞설 때는 그렇게 중요하지 않다. 제노모바에 따라서는 호흡기 감염증이 중증으로 번지기 쉽다는 경향이 있는 모양이지만 말이다.

버크홀데리아 세파시아에는 몇 가지 특징이 있어서 감염증 치료를 어렵게 만든다. 예를 들면 세포 안에 기생하기 쉽다는 점이나, 생물막을 형성하기 쉽다는 점이다. 따라서 항균제가 퍼지기 어려워서 치료 효과를 보기 힘들다. 포비돈 요오드 같은 소독약 속에서도 생존하기 쉽고, 글루콘산 클로르헥시딘 안에서도 일부 살아남기도 한다(히비탄액® 5퍼센트 등).

해외에서는 낭포성 섬유증 환자의 기도에 자리 잡기 쉽다.[주2] 면역 부전(정상적인 면역 반응을 보이지 않는 상태)을 일으키는 만성 육아종증 환자는 혈구 탐식성 림프조직구증(HLH)을 일으키기 쉽다. 약제내성균도 많은 거로 알려져 있다. 치료를 하기 위해 미노사이클린, 메로페넴, 세프타지딤 등을 쓸 때가 많다.

감염 질환 교과서인 《만델》[주3]에서는 특히 다제내성균(다양한 항생제에 대하여 내성을 가진 병균)에서 엄격한 환자 격리와 집단감염 예방의 중요성을 강조했다.[주1] 그러나 격리는 '병동에서 전파되면 환자에게 악영향을 미치는 경우'에 해야 하는 것이지, 결코 매뉴얼에 실려 있는 균만을 대상으로 하는 것은 아니다.

매뉴얼은 상황에 맞게 잘 활용해야 하는 것이지, 그대로 무조건 따라야 하는 것이 아니다. 행정 감찰도 매뉴얼을 완비하거나 회의를 개최하는 방법에만 신경 쓰지 말고, 조금 더 본질적인 부분에서 의료 기관의 감염 대책을 평가했으면 좋겠다.

진지한 이야기만 했으니 이쯤에서 재미있는 상식 하나를 소개하겠다. 버크홀데리아 세파시아는 원래 양파를 썩게 만드는 병원체로 1950년에 발견되었다.[주4] '세파(cepa)'란 라틴어로 '양파'라는 뜻이다.

주1   요시다 제약, Y's Square http://www.yoshida-pharm.com/2012/text04_02_02/

주2   Holmes A et al: J Infect Dis 179: 1197–1205, 1999.

주3   Safdar A. In. Bennett JE et al(ed): Mandell, Douglas, and Bennett's Principles and Practice of Infectious Diseases. 8th ed., 2014.

주4   Parke JL: The Plant Health Instructor 2000 http://www.apsnet.org/publications/apsnetfeatures/Pages/Burkholderiacepacia.aspx

여러 가지 음식물에서 검출되는
효모양진균

로도토룰라 무실라기노사
Rhodotorula mucilaginosa

또 존재감 없는
시리즈군.

감초 역할
시리즈라고
다시 말해
줄래?

로도토룰라 무실라기노사

최근에 노안이 시작되었기 때문에 이런 세균은 참 곤란하다. 로도토룰라 무실라기노사는 알파벳이 너무 많아서 한 번에 읽지를 못하겠다. 로도토룰라속은 바닷물과 호숫물을 포함하는 환경에서 발견되는 아주 흔한 진균으로 추측했다. 그중에서도 로도토룰라 무실라기노사는 효모양진균으로, 다양한 음식이나 마실 것에서 검출된다.[주1] 사과맛 사이다, 과일 주스, 체리, 치즈, 소시지, 문어나 오징어와 같은 연체동물, 새우나 게와 같은 갑각류에서도 발견된다.

음식물에 미생물이 번식해도 반드시 인간에게 병을 일으킨다고는 볼 수 없다. 로도토룰라 무실라기노사가 들어간 음식물도(기회감염 포함) 인간의 건강에 해를 끼쳤다는 보고를 들은 적이 없다. 보통은 위산에서 죽거나 그대로 대변에 섞여 나간다. 그러니 과일 주스에 소독 스프레이를 뿌리지는 말자. 그게 훨씬 더 건강에 좋지 않다. 마찬가지로 곰팡이가 핀 빵을 그대로 먹어도 건강에 해를 입는 경우는 많이 없다. 파스퇴르가 "감염 경로를 차단하면 감염이 일어나지 않는다"라고 주장한 이후로 생긴 진리다.

그러나 굳이 도전하지는 말자. 참고로 곰팡이가 핀 빵은 그 부분만 뜯어낸다 해도 눈에 보이지 않는 세균이 실처럼 빵 속까지 뻗어 있어서 완전히 없앨 수 없다.

중심정맥관 삽입 이후로 병을 일으키는 세균으로

로도토룰라속은 배지가 핑크빛이 감도는 붉은색인 것이 특징이다. 또한 칸디다 같은 가성 균사를 만들지 않는 효모양진균인 것도 특징이다. 로도토룰라속은 예전에 인간에게는 병을 일으키지 않는 온당한 미생물이라고 생각했다. 그러나 미생물 업계에서는 희망적으로 시작하는 생각이 대부분 우울한 결과를 가져오는 경우가 많다. 로도토룰라 무실라기노사도 인간에게 병을 일으킨다는 사실이 나중에서야 밝혀졌다.

1985년까지 이 세균은 의학계 논문에 거의 등장하지 않았었다(1960년까지는 어쩌다 한 번씩 보고가 있긴 했다). 그러나 ICU(중환자 집중치료실) 정비나 중심정맥 카테터가 보급되면서 이후로 이 균의 감염증의 보고 사례가 점점 많아졌다. 특히 중심정맥 카테터를 삽입한 혈액 악성 질환(백혈병) 환자 중에 이 세균의 균혈증(몸속에 들어온 병원균이 혈액의 흐름을 타고 몸의 다른 부위로 옮아가는 일)이 나타나게 되

었다. 안내염, 수막염, 복막염, 그리고 심내막염 등 여러 가지 감염증이 이 세균으로 생겼다.

로도토룰라속 중에서도 로도토룰라 무실라기노사의 보고 사례가 가장 많다. 최근에는 에이즈 환자나 만성신부전, 간경변 환자 중에도 증상이 있었다는 보고가 있다.

치료는 비교적 간단해서 암포테리신B나 플코나졸 등 '일반 약'으로 치료할 수 있다. 아무튼 중심정맥관은 주의해서 사용해야 한다.

주1 Wirth F et al : Interdiscip Perspect Infect Dis : e465717, 2012.

늦여름부터 가을,
성관계 후의 여성에게…

부생성포도상구균
Staphylococcus saprophyticus

여자에게 정말 집요한 녀석이구나!

저 사람한테 들을 소리는 아닌데!

그러게.

유키케이(남자)

부생성포도상구균

이름부터 수상한 이 세균, 부생성포도상구균의 학명은 스타필로콕쿠스 사프로파이티커스(Staphylococcus saprophyticus)다. 스타필로콕쿠스는 여러분도 잘 아는 '포도구균'이다. 'staphylo-'는 그리스어로 '포도송이'라는 뜻이고, 'coccus'는 '구균'이다. 'sapro-'는 그리스어로 '상했다'는 뜻이다.
이 균은 젊은 여성과 관련이 있다.

요로감염을 일으키는 유일한 포도구균

포도구균은 요로감염을 일으키지 않는다는 것이 감염증 학계에선 원칙이었다. 물론 임상 현장에 '절대'란 존재하지 않지만, 그런 현상은 매우 희귀하고, 원칙적으로 오줌 배양에서 포도구균이 자라나면 무시해도 좋다는 게 상식이었다.

특히 코어글라제 음성균은 정착균이나 오염균 중의 하나로 해석하는 것이 상식이었다.

그러나 같은 코어글라제 음성포도구균인데도 예외적, 그리고 적극적으로 요로감염을 일으키는 유일한 포도구균이 이 균, 부생성포도상구균이다.[주1] 부생성포도상구균은 장관에 항상 있는 세균인데, 이 균이 항문에서 회음부를 통해 요도로 들어가면 요로감염을 일으키기 쉽다. 노보비오신 내성으로 우레아제(요소를 가수분해하는 효소)를 만들어내는 것이 특징이다. 그 우레아제가 원인이 되어 반복하는 세균뇨 때문에 요로결석의 원인도 된다.[주2]

이 균은 특히 젊고 성생활이 활발한 여성에게 방광염의 원인이 되기 쉽고, 그 빈도는 최대의 원인균인 대장균에 버금간다고 문헌에는 쓰여 있다. 해외에서는 여성의 요 검체 중 20~40퍼센트 정도가 이 균이었다는 보고도 있고, 감시 데이터에 따르면 이 균은 여성의 급성 단순성 방광염의 원인균 가운데 약 5퍼센트를 차지한다고 한다.[주3]

무엇보다도 최근 연구에서는 중간뇨에서 발견되는 그람양성균은 장구균이나 B군용련균인 경우가 더 많은데, 여기에는 속임수가 있다. 카테터를 삽입한 후에 채취한 소변으로 실제 방광 내에 있는 세균을 살펴보면 이러한 균은 검출되기 어렵다. 중간뇨에서는 세균이 발견되지만 방광 안에는 없다. 다시 말하면 실제로는 요로감염의 원인이 아닌 균일 가능성이 크다.

한편 부생성포도상구균은 중간뇨와 카테로 채취한 소변에 차이가 없다. 상대적으로는 소수파에 속하는 균이지만 임상적으로는 이러한 상태를 알면 좋다.[주4]

부생성포도상구균은 남성의 요로감염에도 원인이 되는 듯, 실제로 남성에게서 검출된 사례를 경험한 적이 있다. 그러나 아주 드물다. 이러한 사례를 보이면, 환자가 방광이나 요관이 해부학적으로 일반 남성과는 다르다는 것을 의심하는 편이 낫다.

신기하게도 이 균은 늦여름부터 가을에 걸쳐 검출되는 일이 많은데, 특히 성관계를 하고 난 여성이 이 균 때문에 방광염에 걸리기 쉽다.

참고로 소나 돼지의 직장에서도 이 균이 검출되기 때문에 축산업, 정육업자들한테도 이 세균의 감염이 일어나기 쉽다고 한다.

치료에는 가장 먼저 아목시실린을 선택한다.

주1   Raz R et al: Clin Infect Dis 40: 896-898, 2005.

주2   Fowler JE Jr: Ann Intern Med. Spring 102: 342-343, 1985.

주3   Hayami H et al: J Infect Chemother 19: 393-403, 2013.

주4   Hooton TM et al: N Engl J Med 369: 1883-1891, 2013.

나균
Mycobacterium leprae

우리가
무서운가 봐.

격리하라
호텔 거부
사건
국가 배상 청구
무섭고
싫단 말야
신고하라

위험

미래가 있다
이해가 필요
격리
차별 금지
숨기고 싶다

나균

나균은 결핵균과 같은 항산균이며[주1] 한센병(옛날에는 '나병'으로 불렸다)의 원인균이다. 한센병이라는 명칭은 노르웨이 의사 한센에 의해 환자의 결절에서 나균이 처음 발견된 것에서 유래하였다.

결핵(정확히는 폐결핵)은 공기를 통해 감염되어 환자를 점점 늘리기 때문에 격리가 필요하다. 그러나 의학 역사상 결핵에 격리 정책을 취한 것은 비교적 최근부터다. 결핵이 감염성 높은 질환이라는 사실은 옛날부터 알려져 있었는데도, 왜 그 전까지는 격리하지 않았을까? 그 이유는 환자의 겉모습 때문이다. 결핵 환자는 겉보기에 나쁘지 않다. 오히려 좋을 때가 많다. 보티첼리의 〈비너스의 탄생〉(조개 위에 벌거벗은 미녀가 올라가 있는 그림)의 모델은 결핵 환자였다고 한다. 결핵에 걸리면 에너지를 많이 쓰기 때문에 몸무게가 줄어든다. 빈혈 때문에 피부가 투명하듯 하얘지고, 뺨은 열 때문에 불그스름해진다. 눈 주변은 지방이 없어져 눈이 커 보이고 눈동자는 피로 때문에 우수에 찬 듯이 촉촉해진다. 미인으로 보이는 것이다. 토마스 만의 장편소설 《마의 산》이 상징하듯이, 결핵 환자에게는 가녀린 이미지가 따라다닌다.[주2] 의학적인 관점에서 본다면, 미야자키 하야오의 애니메이션 〈바람이 분다〉에서 지적할 부분은 흡연 장면이 많다는 점이 아니라, 결핵 환자인 여주인공과 남주인공이 입맞춤을 하는 장면일 것이다.

지극히 약한 감염력인데도 박해와 격리의 역사

결핵 환자와 대조적으로 나균 감염증(한센병) 환자들은 철저하게 박해와 격리의 대상이었다. 나균은 사람의 몸 밖에서는 생존할 수 없을 정도로 약한 균이다. 게다가 사람의 몸 안에서도 1퍼센트 정도밖에 살아남지 못한다. 현대에도 인공 배양을 할 수 없다. 이처럼 세균 자체가 약하기 때문에 감염력도 매우 낮다.

지금도 감염 경로가 정확하게 알려져 있지는 않지만, 피부와 피부가 접촉해도 거의 감염되지 않는다고 한다. 한센병에는 증상이 가벼운 TT형과 증상이 심한 LL형이 있는데, 둘 다 피부와 신경에 감염된다. 특히 LL형은 피부에 스며들기 때문에 맹수의 얼굴처럼 변형이 일어난다. 감염력과는 상관없이 한센병 환자들이 격리 대상이 된 이유 중의 하나는 과학적인 이유

가 아니라, 외모로 사람을 판단하던 인간들의 어리석음 때문이었다. 또한 공중 위생상 격리가 필요하다는 그럴싸한 변명으로('나병 예방법'은 그런 명목으로 시행된 악법이었다) 같은 인간을 태연하게 박해한 인간들의 추함 때문이기도 했다.

지금도 세계의 한센병 환자 수는 수십 만~수백만 명으로 추정되고, 매년 몇 명씩 새로이 환자가 발견되고 있지만 여전히 드문 질환이다. 이러한 환자들을 격리할 필요는 당연히 없고, 숙박 거부와 승차 거부도 역시 말이 안 된다.

감염자를 차별하는 역사는 오래되었지만, 늘 새로운 숙제를 갖고 있다. 차별을 없애기 위한 가장 큰 무기는 과학과 의학을 제대로 이해하는 것, 그리고 인간의 감성(아름답고 추한 것을 느끼는 것)을 과도하게 신뢰하지 않는 것에 있다.

주1   Gelber RH: Leprosy. In Harrison's Principles of internal Medicine, 19th ed., 2015.
주2   후쿠다 마히토: 결핵이라는 문화−병의 비교 문화사, 2001.

마치 의학 전문 칼럼 같다!

우와~

어려운 말이 정말 많네.

앞에서 신생아의 수막염 등에서 문제가 되는 시트로박터 코세리 이야기를 했었는데, 사실 코세리는 별로 유명하지 않다(58페이지). 이번에는 조금 더 유명한 시트로박터 프룬디 이야기다.

시트로박터라고 하면 보통 시트로박터 프룬디를 떠올린다. 1932년에 발견되어 꽤 역사가 있는 세균이다. 그렇지만 임상 현장에서는 비교적 중요하지 않아 감염증의 원인으로서도 큰 주목을 받지 못했다. 역사적으로는 폐렴구균이나 대

장균이나 수막염균이나 임균이나 황색포도구균 등 '강독균'의 존재감이 훨씬 더 높았다.

시트로박터와 같은 세균이 주목을 받기 시작한 것은 감염증에 약한 사람들이 세상에 많아졌기 때문이다. 수명이 길어지면서 노인이 많아졌고, 저체중으로 태어난 아이, ICU(특수 치료 시설)의 중증 환자 등 원래는 생명을 이어가지 못했을 사람들이 의료 발전으로 살게 되면서 '감염증에 약한' 환자의 숫자가 늘어난 것이다.

화학요법이나 면역억제제 사용, 이른바 생물학적으로 약을 조합하여 사용한 것도 면역력이 약한 사람이 증가하는 데 기여했고, 각종 카테터 등의 장치도 감염증에 노출될 기회를 늘렸다. 에이즈 같은 새로운 면역결핍 질환자의 생명이 연장된 영향도 있다.

베타락탐제에 노출되어 화를 내는 얌전한 아이!?

'SPACE'라고 부르는 세균이 있다. 세라티아 (Serratia), 슈도모나스(Pseudomonas), 아시네토박터(Acinetobacter), 시트로박터 (Citrobacter), 엔테로박터(Enterobacter)를 말한다. 의료 관련 감염의 원인이 되기 쉬운 그람음성간균을 외우기 쉽게 머리글자를 따서 만든 말이다.[주1]

SPACE는 약제내성균이 많다는 것도 특징이다. 특히 '시트로박터'에서 문제가 되는 것은 AmpC라 불리는 베타락타마제를 너무 많이 만드는 것이다. 이것은 암피실린이나 제1~3세대의 세펨을 분해하는 것이 특징이다. 세파마이신 (세프메타졸 등)을 분해하는 것이 특징으로, 임상 현장에서는 광범위한 베타락탐계 항생제 분해효소를 뜻하는 ESBL(extended spectrum β-lactamase)과 구별한다.

1940년에 페니실린을 분해하는 효소가 발견되었고, 그것이 나중에 AmpC 베타락타마제였다는 역사적 지식이 있다. 1960년대에 ampA와 ampB라는 유전자가 발견되었고, ampA 가운데 내성의 정도가 낮은 것을 ampC라고 이름

붙였다. 그 후 ampA와 ampB는 역사 속으로 묻혀 사라졌다.

'시트로박터 프룬디'는 AmpC를 보통 조금밖에 만들지 않는다. 그러나 베타락탐제에 노출되면 유도되어 AmpC를 대량으로 만들게 될 때가 있다. 마치 얌전히 있다가 화가 나서 폭발하는 아이 같다.

항균제에 따라 AmpC를 만들어내는 유도 방법이 다르다. 예를 들면 페니실린, 암피실린, 세파졸린 등은 AmpC를 잘 유도한다. 세파마이신이나 카바페넴도 유도하기 쉽다. 세포탁심, 세프트리악손, 세프타지딤, 세페핌, 아즈트레오남 등은 잘 유도하지 않는다.[주2] 세페핌은 많이 만들어진 AmpC 산생균으로도 임상 효과를 기대할 수 있다.

만약 신우신염 환자가 있고 세프트리악손으로 치료를 했다고 가정해보자. 시트로박터 프룬디가 원인균이라는 사실을 알고, 현시점에서는 세프트리악손에 감수성이 있다. 환자도 임상적으로 좋아지고 있다. 그렇다면 앞으로 항균제를 어떻게 써야 할까? 이것은 의외로 어려운 문제라서 전문가들도 곰곰이 따져볼수록 골치 아픈 상황이다. 전염병 전문가가 되길 꿈꾼다면 한번 이러한 고민에 도전해보길 바란다.

주1   야노 하루미: 반드시 아는 항균제 첫 걸음: 2010.
주2   이와타 겐타로, 미야이리 이사오: 항균제에 대한 생각과 사용법, Ver.3: 주가이 의학사, 2012.

임신 중에 모자감염을 일으키는

지카 바이러스
Zika virus

소두증
아기가
태어난다니!

아기무

정말 무서운
바이러스다!

푹

사람들에게
널리, 빨리
알려야 해!

비싼 초밥 집에 가면 가격이 무섭다. 바이러스 중에는 지카 바이러스가 무섭다.[주1]

최근에 갑자기 주목을 끌고 있는 지카 바이러스는 의외로 꽤 오래 전인 1947년에 발견되었다. 모기를 매개체로 감염하는 플라비바이러스로, 뎅기열 바이러스나 치군군야바이러스(혹은 황열 바이러스)와 같다.

지카 바이러스는 아프리카의 여러 나라, 남아시아, 동남아시아 등 폭넓은 지역에서 발견되었다. 인간에게 병을 일으킨다는 사실은 1954년에 알았지만, 뎅기열이나 치군군야바이러스에 비해 증상이 가벼워서 많이 유명하지 않아 감염증 마니아들 사이에서만 알려진 존재였다.

그런데 2007년에 미크로네시아 연방의 야프섬에서 지카열의 집단감염이 일어났다. 인구가 약 7천 명밖에 없는 이 지역에서 약 5천 명이나 감염자가 발생했으니 놀랄 일이다. 그 후에도 역시 태평양에 떠 있는 프랑스령 폴리네시아에서 2013~2014년에 집단감염이 발생했다. 2015년에는 중남미 여러 나라에서도 지카열을 볼 수 있게 되었다. 특히 브라질에서는 130만 명이나 감염자가 발생했다고 추측된다. 같은 해 9월에는 브라질에서 소두증이 있는 신생아 출산이 늘어났다는 사실이 밝혀졌다. 2016년 2월까지 약 4,300건이나 소두증 환자가 보고되었는데, 이는 예년에 비해 10배 이상 더 많은 수치였다.

프랑스령 폴리네시아에서도 과거의 진료 기록을 검토했다. 역시 지카열이 집단감염을 일으킨 후에 소두증 등 기형아 출산이 늘어났다. 지카 바이러스가 소두증의 원인이라는 사실은 틀림이 없는 듯하다.

세계화로 감염 확대?
모기 매개 감염증

지카열은 각다귀 등 숲모기가 옮기는 감염증이다. 일본에 있는 흰줄 숲모기 등도 매개체가 될 수 있다.

지카 바이러스는 임신 중에 아이에게 감염을 일으킨다. 그래서 태아가 기형이 되는 원인이 된다. 지카 바이러스는 성감염도 일으킨다. 남성에게서 여성으로, 남성에게서 남성으로의 감염이 확인되었다. 증상이 나타나기 전부터 바이러스 감염은 일어날 수 있고, 증상이 나타난 후 60일 이상이 지나도 정액에서 바이러스 RNA가 발견되었다. 감염 후 며칠까지 성감염을 일

으킬 수 있는지는 현재 밝혀지지 않았다.

지카 바이러스의 잠복 기간도 확실치 않지만, 일주일 이내인 경우가 많다. 결막염, 가벼운 발진, 관절통이나 관절염, 발열, 근육통, 두통, 부종, 구토, 안구 통증 등이 있는데, 모두 증상이 가벼워서 입원이 필요한 중증 사례는 거의 없다. 그리고 정액에 피가 섞이는 특이한 증상을 보이는 경우도 있다. 길랭-바레증후군이나 수막뇌염, 척수염 등 신경 합병증이 가끔 일어난다. 현재 지카열에 효과가 있는 치료제는 없다. 백신도 없다.

지카 바이러스가 세계 어느 곳에 분포하는지는 정확히 알려지지 않았다. 과거에 캄보디아에서도 발생 사례가 있었지만, 지금도 캄보디아에서 지카열이 발생하는지는 확실하지 않다. 무엇보다 증상도 가벼워서 감기로 오해받기 때문이다. 세계화가 진행되면서 지카 바이러스도 앞으로 점점 더 퍼질지 모른다.

아시아에서 유행할 우려도 있다. 외국에 나갔다가 국내로 돌아왔을 때 열이 나면 진단검사를 해야 한다. 또한 임신의 가능성이 있다면 남녀 상관없이 전문가를 찾아가 관련 검사와 상담을 받아야 한다.

주1   Petersen LR et al: N Engl J Med 374: 1552–1563, 2016.

최근 화제의 NTM

마이코박테륨 헤모필룸
Mycobacterium haemophilum

감염증 연구가
필요한 새로운 균이
계속 나오는구나.

우리 그냥
모르는 척해도
되는데 말이야.

마이코박테륨 헤모필룸은 비결핵성 항산균(NTM)의 일종이다. 원래 임상적으로는 그렇게 인상적인 균이 아니었지만, 에이즈나 이식 환자 등 면역 관련 환자가 늘어나면서 이 균의 감염증도 따라 늘어났다.

앞으로도 이처럼 연구가 필요한 미생물은 계속 늘어날 것이다. 이것을 고통스럽게 여길 것인지, 새로운 지식을 얻는 즐거움으로 여길 것인지에 따라 감염증 공부가 적성에 맞는지, 맞지 않는지 알 수 있다. 감염증 박사들은 대부분 이런 새로운 지식을 알아가는 고통을 즐긴다.

마이코박테륨 헤모필룸은 흙 등 일반 환경 속에 사는 세균이다. 전 세계에 분포되어 있으며[주1] 일본에서도 발견되었다.[주2] 우리 연구진도 최근에 발견했다.

저온에서만 배양할 수 있고 분류하기 어려운 세균

이 균은 이스라엘의 솜폴린스키가 1978년에 발견했다.[3] 호지킨병 환자의 만성 궤양에서 분리해낸 것이다. 1980년에 도슨과 제니스라는 사람이 1976년에 신장 이식 환자의 피부 병변에서 발견한 것이 이 균이라는 사실을 밝혀냈다.

이 세균은 피부에 감염하는 마이코박테륨 마리눔이나 마이코박테륨 울세란스와 마찬가지로 30~32도 정도의 낮은 온도에서 배양해야 한다. 결핵균의 배양 온도가 37도 정도라는 사실을 감안하면 상당히 낮은 온도다.

피부 감염균의 배양 온도가 낮다고 생각이 마침 들었다면, 그럼 앞에서 설명한 나균을 시험관에서 배양했을 때의 온도는 몇 도였을까? 사실 이것은 함정 문제다. 나균은 배지에서 배양할 수 없는 희귀한 균이었다. 옛날에는 아르마딜로에서만 증식할 수 있다고 했는데, 요즘에는 털이 없는 돌연변이 생쥐 누드마우스의 발바닥에서 증식할 수 있다고 한다(역시 온도는 낮아서 31도 정도).

이처럼 면역이 약한 환자의 피부, 뼈, 폐 등 다양한 부위에 감염증을 일으킨다. 천천히 진행되는 감염증으로, 피부 궤양이 있을 때는 매독균, 진균, 리슈마니아 등 원충과 아울러서 병원성 균종을 원인균으로 생각하는 것이 정석이다. 드물기는 하지만 면역력이 약하지 않은 어린이가 림프절염에 걸리는 경우에도 이 균이 원인일 수 있다.

항균제는 여러 개를 조합해 사용해서 내성을 막아라

치료는 면역 억제 상태를 뒤집을 수 있다면(에이즈 치료처럼) 그렇게만 해도 좋아질 수 있다고 한다. 리팜피신처럼 고전적인 항결핵제, 미노사이클린이나 에리트로마이신, 시프로플록사신, 클라리트로마이신 등 비결핵성 항산균계 치료제도 효과가 있다고 한다. 잘 알려지지 않았지만 클로파지민이라는 약도 사용할 수 있다. 이소니아지드나 에탄부톨, 피라지나마이드 같은 항결핵제는 내성을 일으킬 때가 많다. 항산균 치료가 대부분 그렇듯이, 항균제 여러 개를 조합해서 장기적으로 사용하는 것이 내성이 생기는 것을 막는 방법이다. 드물게 외과적으로 잘라내야 할 필요가 있을 때도 있다.

주1 Saubolle MA et al: Clin Microbiol Rev 9: 435-447, 1996.

주2 Takeo N et al: J Dermatol 39: 968-969, 2012.

주3 Elsayed S et al: BMC Infect Dis 6: 70, 2006.

여러 균의 총칭. 균사를 늘리는 타입

방선균(액티노마이세스)
Actinomycetes

방선균(액티노마이세스)이란 액티노마이세스 이스라엘이(Actinomyces israelii), 액티노마이세스 오돈톨리티커스(Actinomyces odontolyticus), 액티노마이세스 비스코서스(Actinomyces viscosus), 액티노마이세스 메이어리(Actinomyces meyeri), 액티노마이세스 게렌세리아(Actinomyces gerencseriae) 등 여러 균들을 통틀어 하는 말이다.

처음에는 이 균들을 진균(곰팡이)이라고 오해했다. 뒤에 붙은 'myces'는 진균을 가리키는 말이다. 나중에 이것이 그람양성의 세균이라는 사실을 알았지만, 이미 한참 지난 후여서 '액티노마이세스'라는 이름이 그대로 남아 있다. 'actino'는 그리스어로 광선이나 방선을 뜻하는 말이다. 진균처럼 균사가 뻗어나간다는 의미에서 방선균이라고 하는 것이다.

더 늘어나는 세균의 종류, 그리고 건더기가 듬뿍 있는 감염증?

16S rRNA 유전자 배열 해석을 위해 균을 자세히 분류했는데, 《해리슨 내과학 제19판》에 따르면, 47가지 종류와 2가지 아종이 확인되었다고 한다.[주1] 앞으로도 세균의 종류는 더 늘어나리라고 예상된다(그래서 나는 이 시점에서 세균 이름을 외우는 것을 포기했다).

방선균은 통성혐기성균으로서 공기가 있어도, 없어도 잘 자라난다.

방선균은 주로 가축과 사람에게 발생하는 균 감염성 질병인 방선균증(액티노마이코시스)의 원인이다.[주2] 방선균증은 천천히 발육하여 염증 덩어리를 만든다. 원인이 되는 방선균은 구강 안, 소화관, 비뇨 생식기에 항상 있는 균이며, 방선균증이 증상을 나타냈을 때도 여러 방선균이 하나의 병변에서 분리되는 일이 많다.

그뿐만 아니라 아그레가티박터 액티노마이세템코미탄스나 아이케넬라 코로덴스 등 다른 균도 방선균증에서는 분리된다. 왠지 건더기가 많은 찌개를 보는 듯한 감염증이다. 그러나 방선균 이외에 검출된 세균이 증상을 일으키는 데 도움을 주는지는 아직 밝혀지지 않았다.

악성 종양 의심…? 종양이 아니라 방선균증인 사례도

방선균증에서 볼 수 있는 염증은 딱딱한 덩어리 형태다. 중심부는 조직이 죽어서 호중구와 유황 과립이 인정된다. 독일어로는 드루제(Druse, 객담)라고도 한다. 이걸 발견했다면 방선균증이 확실하다. 구강 안 위생 상태가 나쁠 때는 구강 안이나 턱에 혹처럼 염증이 생긴다. 폐 속에서 종기나 공동성 병변이 발견될 때도 있다. 간속, 복부나 자궁 안에 종기가 생길 때도 있다. 아무튼 몸 여기저기에 덩어리 염증이 생긴다. 면역이 약하면 더 잘 나타난다.

일반 세균 감염과 달리 천천히 커지는 덩어리 같은 염증이므로 악성 종양으로 오해 받기 쉽다. 암 센터에서 제거 수술을 해주지 않는다거나 화학요법이 전혀 효과가 없다는 등의 암 의심 사례 중에 사실 방선균증이었다는 사례 보고가 많다.

최근에는 PET-CT(펫시티 검사) 등이 자주 사용되는데, 일반적으로 감염증과 비감염증은 PET-CT로 구별할 수 없다. 생체검사를 해서 의사가 이 질환을 의심하여 현미경으로 검사하면 확실히 방선균증을 진단할 수 있다. 오랜 기간에 걸쳐 페니실린계로 치료를 하면 나을 수 있으니 정확한 진단이 중요하다.

주1 Russo TA: Actinomycosis and Whipple's Disease. In. Harrison's Principles of Internal Medicine. 19th ed, 2015.
주2 Wong VK et al: BMJ 343: d6099, 2011.

느릿느릿 타입에 다양한 증상

트로페리마 휘플리
Tropheryma whipplei

성격이
느긋한 게
뭐!

우릴 쉽게
찾아내진
못하지!

내 몸속에
무슨 균이 있는지
확실히
알고 싶어!

트로페리마 휘플리

트로페리마 휘플리는 간균이지만 그람염색으로 물들지 않는(그람음성) 경우와 살짝 물드는 경우가 있어서 그람염색으로는 분류하기가 어렵다.[주1] 앞에서 살펴본 방선균과 마찬가지로 액티노마이세스과에 속한다.

트로페리마 휘플리는 휘플병의 원인균이다. 〈위키피디아〉에 따르면 조지 휘플은 미국의 의사이자 병리학자로, 악성빈혈 치료를 연구해서 노벨상도 받았다. 빈혈 동물에게 간을 먹여 치료했다는 발견이었다. 그러나 현재에는 휘플병 발견자로 더 유명하다.

조지 휘플이 이 균을 발견한 것은 1907년이었는데,[주2] 이름은 의외로 1991년에 지어졌다. 그때까지 이름이 없는 세균이었다. 게놈 시퀀싱이 이루어진 후에 트로페리마 휘플리(Tropheryma whippelii)라는 이름을 갖게 되었다. 2001년에는 철자가 틀렸다는 의견이 있어서 트로페리마 휘플리(Tropheryma whipplei)로 스펠링이 바뀌었다. 균 이름에 대한 설명을 조금 더 하자면, 발견자가 휘플이기 때문에 그의 이름이 들어갔다.

참고로 '트로페리마'란 그리스어로 '영양, 음식(troph)'이라는 뜻과 '방어(eryma)'라는 뜻에서 유래했다. 이 세균이 가진 유전자는 불완전하며 숙주세포 안이 아니면 원칙적으로는 살 수가 없다(영양이 풍부한 세포 밖에서는 살 수도 있다).

세균 감염증답지 않게
증상이 다양하고 느긋한 타입

휘플병은 아주 보기 드문 병이라서 사실 진단하면서 놓치는 경우가 많다. 증상이 너무 다양하기 때문이기도 하다. 게다가 세균 감염증답지 않게 '느긋한 타입'이라서 의사는 증상만으로 세균 감염증이라고 추측하기가 매우 어렵다.

고전적으로 휘플병은 먼저 십이지장이나 공장(십이지장과 회장 사이) 감염에서 일어난다. 설사나 발열, 복통, 흡수 불량이 이어지면서 천천히 체중이 감소한다. 나아가 여기저기 관절에도 감염을 일으켜 만성 관절염으로 발전해 류마티스성 질환으로 오해를 받는다. 장간막이나 후복막에는 림프절이 부어오른 것으로 확인될 때가 많다.

게다가 신경 소견, 폐 소견, 피부 소견, 눈 소견(포도막염) 등을 보일 때도 있다. 신경 소견은 천천히 진행되는 치매나 인격 장애, 수면 장애 등 막연한 증상이 많은데, 이러한 증상 또한 세균 감염이 원인이라고 떠올리기가 쉽지 않다.

배양에서 자라나지 않는 감염성 심내막염을 일으키는 것으로도 유명하다. 그밖에 갑상선, 신장, 정소, 부고환, 쓸개, 뼈 등 대부분 모든 장기에 감염을 일으킬 수 있다.

진단할 때는 우선적으로 이 질환일지도 모른다고 의심을 해야 한다. 오랜 기간에 걸쳐 소화관 증상과 관절 증상, 원인을 알 수 없는 발열, 배양에서 자라나지 않는 심내막염, 원인을 알 수 없는 중추신경 증상 등 여기저기서 다양한 증상을 보인다. 원인이 확실치 않은 증상을 호소하는 환자가 흡수 불량 때문에 빈혈이나 전해질 이상, 알부민 저하 등을 보이거나 이유 없는 증상 호소로 환자의 상태가 최종 모아진다면 휘플병을 의심하는 것도 방법이다. 그리고 십이지장을 생체검사해서 배양해 PCR, PAS 염색 양성 봉입체를 발견하면 확정 진단을 내린다. 진단이 어려운 만큼 진단에 성공했을 때의 기쁨은 말로 할 수 없다.

오랜 치료 기간이 필요하다. 세프트리악손이나 메로페넴으로 점적 주사를 한 후 ST 합제나 테트라사이클린 등을 오래 복용한다.

주1   Russo TA: Actinomycosis and Whipple's Disease. In. Harrison's Principles of Internal Medicine. 19th ed.

주2   Whipple GH: Johns Hopkins Hosp Bull 18: 382–391, 1907.

양조한 누룩, A. 오리제라고도 부르는

누룩곰팡이
(아스페르길루스 오리제)
Aspergillus oryzae

신난다~!

세상에는 수많은 미생물이 있다. 그중에서 인간에게 병을 일으키는 미생물은 소수파에 속하는데, 마이코박테륨 헤모필룸(158페이지) 이야기에서 설명했던 것처럼 의료가 점점 발달하면서 전 세계적으로 면역력이 약한 사람이 급격히 늘어났고, 그렇다 보니 미생물이 인간에게 병을 일으키게 된 것이다.

이 말은 감염증 박사가 공부해야 하는 항목이 급격히 늘어난 끔찍한 상황이란 뜻인데, 반대로 생각하면 밥벌이 걱정은 하지 않아도 된다는 뜻이기도 하다. 이 책도 그래서 의학계의 장수 프로그램처럼 오래 사랑받을 것 같다.

청주를 만드는 '누룩곰팡이', 알레르기로 호흡기 질환도

누룩곰팡이(아스페르길루스 오리제, A.오리제)[주1]는 병원성을 가진 사상균이다. 아스페르길루스는 유명하지만, 특히 아스페르길루스 푸미가투스 그룹(66페이지)이 자주 보인다. 형태로 봤을 때 똑닮은 잠재종이 아스페르길루스 렌툴루스(144페이지)였다. 총정리 같은 느낌이다.

누룩곰팡이는 아스페르길루스 플라부스 그룹에 속한다. 아스페르길루스 플라부스가 길들여져 만들어진 것이 누룩곰팡이로 추측된다.

아스페르길루스 플라부스는 독성이 매우 강하고 아플라톡신을 만들어내는 것으로 유명하다. 급성 중독이나 간세포암의 원인이 되는 아주 성질이 고약한 독이다. 누룩곰팡이는 아스페르길루스 플라부스와 게놈 정보가 약 99퍼센트 유사한데, 이 독소 산생 유전자 부분만 쏙 바뀌어 아플라톡신은 만들어내지 않는다. 정말 다행이다.

독이 없는 누룩곰팡이는 누룩을 만드는 데 쓰인다. 다카미네 조키치가 이 세균에서 다카디아스타제를 추출했다는 이야기도 유명하다. 위가 약했던 일본의 소설가 나쓰메 소세키도 다카디아스타제를 복용했다고 하는데, 그의 유명한 소설 《나는 고양이로소이다》에 이 약이 나온다.

누룩곰팡이는 청주를 만들 때 빠뜨릴 수 없다. 당화 효소를 만들어내고, 전분을 당으로 바꾼다. 당은 효모양진균인 사카로미세스 세레비시아로 인해 알코올과 이산화탄소로 전환된다. 사카로미세스 세레비시아를 증식시킨 것을 '지에밥' 또는 '술밑'이라고도 부른다. 청주를 만들 때 중요한 것은 "첫 번째로 누룩, 두 번째로 술밑, 세 번째로 양조"라는 말이 있을 정도라서 누룩곰팡이와 사카로미세스 세레비시아가 얼마나 중요한 역할을 하는지 알 수 있다. 또한 누룩곰

팡이는 단백질을 아미노산으로 분해하는 효소도 만들어내는데, 이것은 된장이나 간장을 제조하는 데 쓰인다.

누룩곰팡이는 독소가 없어서 인간에게 병을 일으키는 일은 거의 없다. 그러나 앞서 말한 것처럼 불가능한 이야기는 아니다. 예를 들자면 누룩곰팡이가 알레르기성 기관지 폐아스페르길루스증을 일으켰다는 보고가 있다.[주2] 이는 세균에 대한 알레르기 반응이기 때문에 술이나 된장을 만드는 곳에 노출되는 것만으로도 알레르기를 일으키는 사람이 생길 수 있다. 이것은 세균의 병원성과는 관계가 없다. 그러나 그밖에도 괴사성 공막염이나 수막염, 복막 투석 관련 복막염 등의 감염증도 일어난 보고가 있다.[주3]

주1 기타모토 가쓰히코: 일본 음식과 맛있는 미스터리, 가와데쇼보신샤, 2016.

주2 Akiyama K et al: Chest 91: 285–286, 1987.

주3 Schwetz I et al: Am J Kidney Dis 49: 701–704, 2007.

학습하고 개선해도
똑같은 실수를 반복하는

호모 사피엔스
Homo sapiens

콜로니. 6-12

호모
사피엔스는
독성이
강해.

세균보다
강해?

너무해~

세상에는 많은 생물이 있다. 그중에서도 특히 사람의 건강에 크게 영향을 주는 것이 호모 사피엔스(인류)다. 호모 사피엔스는 인류가 탄생했을 때부터 사람의 건강에 영향을 주어왔다. 중국에서 삼국지 시대에는 약 410만 명의 사람들이 살해를 당했다고 한다. 몽골의 유라시아대륙 정복 때는 약 4,000만 명, 그 몽골 제국을 다시 일으키기 위해 티무르의 정복전쟁과 전쟁터에서 대량 학살이 일어나 약 1,700만 명이 목숨을 잃었다. 영국과 프랑스의 백년전쟁에서는 약 350만 명이 사망했다. 신세계가 발견된 후

노예무역에서는 열악한 환경 속에서 노예 수송 중에 약 1,600만 명이 사망했다.

유럽인에게 큰 트라우마를 남긴 제1차 세계대전에서는 약 1,500만 명, 제2차 세계대전에서는 약 6,500만 명이 목숨을 잃었다. 나치스 독일의 대학살에서는 유대인이 약 600만 명 사망했다. 그 후에도 마오쩌둥의 문화대혁명에서 약 4,000만 명, 스탈린의 학살에서 적어도 약 2,000만 명, 베트남 전쟁에서 약 420만 명, 캄보디아에서는 폴 포트파의 학살로 적어도 약 200만 명이 목숨을 잃었다.[주1]

1990년대에 르완다에서 몇십만 명의 사람이 학살되었다. 그 후에도 수많은 테러리스트가 사람을 죽이고 전쟁을 일으켰다.

호모 사피엔스는 역시 흔하지 않은 생물?

미국에서는 총기 난사 사고로 매년 3만 명이 넘게 죽는다. 일본에서도 매년 2만 명이 넘게 자살하는데, 대부분은 사람이 만들어낸 사회구조 때문이다. 왕따를 당한 학생이 죽음을 선택하는 것도 호모 사피엔스의 특유한 병원성이다.

다른 생물은 이러한 식으로 서로를 죽이지 않는다. 아주 작은 바이러스부터 고래처럼 거대한 포유류에 이르기까지 모든 생물은 다른 생물을 죽인다는 것을 자신들의 삶 속에 넣기는 하지만, 생물이 생물을 죽이는 것은 '수단'이지 '목적'이 아니다. 하지만 호모 사피엔스는 살육 그 자체를 목적으로 삼는 희귀한 생물이다.

제2차 세계대전 당시에 독일의 많은 의학자들은 나치스에 협력했고, '과학 실험'이라는 이름으로 학대와 학살을 일으켰다. 비슷한 인체실험을 일본의 731부대도 했다. 의료나 의학도 호모 사피엔스의 '병원성'에 한몫했던 것이다.

미국 의학연구소가 〈실수는 인간이 한다(To Err Is Human)〉라는 보고서를 발표한 것이 1999년이다. 거기엔 미국에서는 연간 약 10만 명이 의료 과실로 사망한다는 보고가 실려 있다. 이를 본 미국은 의료사고(병원 내 감염 포함)를 없애기 위해 최선을 다하고 있다. 그 결과 미국에서는 '중심정맥 카테터 관련 혈류감염(CLABSI)'이 50퍼센트, 수술 후 창부감염이 17퍼센트, 클로스트리듐 디피실리균 감염이 8퍼센트, 항생제 내성균 균혈증이 13퍼센트나 감소했다. 2015년에 베스 이스라엘 메디컬 센터를 방문했을 때는 감염증 박사 친구가 "요즘에는 요로감염이 거의 없다"며 놀라워했다.

호모 사피엔스는 정말 독성이 강한 생물인데, 과거의 기록을 살펴서 학습하고 개선하는 진귀한 능력도 갖고 있다. 그런데 비슷한 실수를 반복하는 것도 기묘한 특징이다.

하지만 뛰어난 창작 능력도 호모 사피엔스의 특이한 능력이라 말할 수 있다. 일본의 만화가 데즈카 오사무의 걸작 《불새》에서 불새의 말(미래편)을 인용하며 마무리하고 싶다.

> 인간도 마찬가지다. 문명을 발전시키는 손이 결국은 자신의 목을 조르는 꼴이 될 텐데. '그래도 이번에는 꼭' 하고 불새가 생각했다.
> '이번에는 꼭 믿고 싶어.'
> '이번 인류는 언젠가 반드시 실수를 깨닫기를…'
> '생명을 옳은 일에 쓰기를…'

주1 Matthew White: Humanity's 100 deadliest achievements
http://www.bookofhorriblethings.com/ax02.html

'모야시몬과 감염증 박사'에게 이런저런 궁금한 것들

사진: 와쿠이 다다시

오사카 사카이 시 출생. 대표작으로는 《주간 이시카와 마사유키》, 《모야시몬》, 《순결의 마리아》 등이 있다. 《모야시몬》으로 2008년 제12회 데즈카 오사무 문화상 만화 대상. 제32회 고단샤 만화상 일반 부문. 2008년도 쇼유문화상 등을 수상했다. 현재 《망설임 없는 별》을 연재 중이다.

시마네 출생. 1997년 시마네 의과대학 졸업. 2004~2009년 가메다 종합병원(지바). 2008년~고베대학 대학원 의학계 연구과와 의학부 미생물 감염증학 강좌 감염 치료학 분야 교수. 고베대학 도시 안전 연구 센터 감염증 리스크 커뮤니케이션 분야 교수. 미국 내과 전문의 등의 경력이 있다.

이시카와 마사유키
만화가

이와타 겐타로
고베대학 의학부 부속병원 감염증 내과 의사

의학전문잡지 〈메디컬 아사히〉에 귀여운 세균들의 이야기가 처음 소개된 건 2011년 1월입니다. '세균이 활약하는 만화' 《모야시몬》으로 유명한 이시카와 마사유키 만화가님과 감염증 전문가 이와타 겐타로 박사님이 함께 나눈 이야기 속에는 '잡지 연재' 첫 시작에 대한 기쁨과 '세균'에 대한 뜨거운 열정이 담겨 있습니다.

※이 기사는 〈메디컬 아사히〉 2011년 1월호에 소개된 내용을 정리한 것입니다.

그러다가 연재 시작 날짜는 정해졌는데 아무리 그림을 그려도 좋은 아이디어가 떠오르지 않던 찰나에 담당 편집자가 세균이라도 그려 보라기에 한번 그려봤어요. 그게 시작이었죠.

그때 처음으로 와카야마에 있는 술 양조장에 취재를 하러 갔어요. 거기서 술을 만드는 장인에게 "술을 만들 때는 세균의 목소리가 들린다"는 말을 듣고 '세균의 목소리도 들린다는데 세균이 보이는 만화는 어떨까?' 하고 아이디어가 번뜩 떠올랐어요. 그때부터 방향이 결정됐지요.

 ## 세균 지식 하나 없이 시작

—— **세계 최초의 세균 만화랍니다.**

이와타 《모야시몬》[1]을 처음으로 읽었을 때, '세균이 눈에 보이면 내가 지금 하고 있는 감염병 관련 일도 훨씬 편해질 텐데' 하고 생각했어요. '병의 원인균을 완벽하게 짚어낼 수 있으면 명의사가 될 수 있는데' 하고 말이죠. 이 만화는 어떻게 그리게 된 건가요?

이시카와 어린 시절부터 오사카부립대학교 농학부 근처에 살아서 캠퍼스에 자주 놀러갔어요. 처음에는 '대학교 이야기'를 쓰려고 했는데, 농업대학교 근처에 살았다는 사실을 살려서 그걸 주제로 캠퍼스 만화를 그리기로 했죠.

이와타 농업대학교의 어떤 이야기를 쓰고 싶으셨어요?

이시카와 도쿄농업대학교에는 술을 만드는 양조학과(응용생물학부 양조과학과)가 있다기에 술을 주인공으로 이야기를 만들려고 했어요. 작업 초반에는 세균의 '세' 자도 꺼내지 않았죠.

이와타 감염증 전문가인 제가 보기에도 《모야시몬》에는 상당히 전문적인 이야기들이 담겨 있어요. 저는 인간에게 병을 일으키는 세균밖에 모르거든요. 다른 세균들은 잘 몰라서 정말 공부가 많이 됐어요.

이시카와 제1화를 그렸을 때(2004년)는 세균에 대한 지식이 전혀 없었어요. 도서관에 가서 책을 펼쳤을 때, 내가 괜히 어마어마한 세계를 건드리는 건 아닐까 하는 걱정이 되더군요. 그때부터는 죽을둥살둥 공부했지요.

이와타 감수자는 따로 안 계셨나요?

이시카와 안 계셨어요. 모든 내용에 대해 제가 책임져야 했습니다.

이와타 세균 전문가에게 이야기를 들으러 가신 적도 있나요?

이시카와 연재를 시작하고 2~3년 후에 도쿄농업대학교의 교수님이 불러주셨어요. 그때는 책이 2권까지 나온 상태였는데, "지금까지 쓴 내용 어떠세요?" 하고 물어봤더니 거의 다 맞다고 말씀하셨어요. 그때 학자에게 처음으로 인정을 받았죠.

미생물은 무엇이고, 생물이란 무엇인가

—— 양조와 발효에 도움이 되는 좋은 세균부터 위험하고 나쁜 병원균까지, 작품에 등장하는 모든 균이 다 귀여워요.

이시카와　인간에게 좋고 나쁘다는 잣대로 세균을 생각해본 적은 없어요. 그래서 에볼라 바이러스도 귀엽게 그렸어요.

이와타　저는 진료 현장에서 "바이러스에 항균제는 효과가 없어요" 하고 알기 쉽게 설명해요. 얼마 전에 기생충 전문 선생님에게 가르침을 받으러 갔는데, 평소에 보지 못했던 것들은 알 수가 없더라고요. 감염증의 세계는 정말 끝이 없어서 아직 인간이 모르는 세균이나 미생물이 무궁무진해요.

—— 이와타 선생님은 어떤 균이나 미생물을 좋아하시나요?

이와타　만화 캐릭터 중에서는 누룩곰팡이*2를 좋아해요. 사카로미세스 세레비시아*3도 종기가 볼록 나고 거기서 알코올이 주루룩 나오는 모습이 귀여워요.

저는 미생물을 좋아하는 건 아니에요. 자주 오해를 받는데, 감염증 의사는 기본적으로는 환자를 보지, 미생물이 주인공은 아니에요.

저를 찾아오시는 환자분들 중에는 인터넷이나 TV로 저를 보고 "분명 무슨 감염증인 것 같아

요?"라든가 "제 두통 좀 봐 주세요"라고 말씀하시는 분이 계신데, 절반 가까이는 감염증과 아무런 상관이 없어요. 그런 이야기를 해주면 실습하러 온 학생들이 항상 놀라요.

감염병 전문가와 만화가라는 직업을 고른 이유

—— 이와타 선생님은 왜 감염병 전문가가 되셨나요?

이와타　자주 받는 질문인데, 어쩌다 보니 그렇게 됐어요. 감염증 세계는 정말 재미있거든요. 감염증은 어디에나 있고 감염증이 없는 지역은 없어요. 얼마 전에 캐나다에 갔는데, 당연히 아메리카대륙에는 에이즈 같은 감염증이 여기저기 있어요. 케냐나 도쿄는 물론이고, 시골이든 도시든 감염증은 어디에나 있어요. 진료소에도 대학병원에도 감염증은 존재하죠. 그래서 감염

증 의사는 어디든 가서 일할 수 있어요. 그런 점이 좋았어요. 예를 들어 카테터로 뇌의 혈관을 다뤄 수술하는 의사가 있다면, 그 사람은 그 의료 센터 안에서는 권위가 가장 높겠지요. 그런데 그런 장비가 없는 곳, 만약 케냐의 빈민가에 가면 할 수 있는 게 아무것도 없는 거예요.
중국에 있는 진료소에서 1년 동안 진료를 했던 적이 있는데, 미국에서 오신 의사 한 분이 매일 "미국에는 그게 있는데 여기엔 없어"라며 넋두리를 했어요. 그분은 준비가 되어 있어야만 기능할 수 있는 분야인 거요.
그래서 정형외과 의사나 일반 동네 의사가 되어도 괜찮았고, 아니면 의사가 아니어도 상관은 없었지만, 세계 어느 곳에 가도 일할 수 있는 사람이 되고 싶어서 감염증 의사를 하게 됐어요.

이시카와 저도 어쩌다 보니 만화가가 됐네요. 이와타 선생님과 비슷할지도 모르겠는데, '일본에서 최고가 되면 세계 최고가 될 수 있는 직업이 뭐가 있을까?' 하고 생각했어요. 축구도, 야구도, 육상도 다른 나라에게 못 이기잖아요. 그런데 만화는 일본에서 최고가 되면 세계에서도 최고가 될 수 있지 않을까 생각했어요. 그래서 만화가라는 직업의 세계로 들어오게 됐어요.

이와타 아, 확실히 그러네요.

대학생활의 과거와 현재

이와타 지금 대학에서 학생들을 가르치고 있는데, 얼마 전에 우치다 다쓰루 명예교수님께 《모야시몬》이 재미있다고 얘기했더니, 교수님이 "이건 그 시절 내가 잊고 있었던 대학생활 이야

기네" 하고 말씀하셨어요.

이시카와 약간 과거의 이야기긴 하죠.

이와타 저희가 대학생 시절에 딱 그런 분위기였어요. 학부 때는 수업을 빠지거나 시험을 안 봐도 어떻게든 되겠지 하면서 탱자탱자 놀았죠. 농학부는 지금도 그럴까요?

이시카와 어느 정도는 요즘 학생들도 비슷한 것 같아요. 실제로 농학부에 가면 모두들 적극적이고 즐거워 보여요. 흰 가운이 새카매지도록 공놀이도 하더군요.

이와타 요즘 의학부는 놀 틈이 없어요. 대학교 전체가 긴장감이 넘치죠. 저도 2008년부터 대학에서 학생들을 가르쳤는데, 그때까지는 일반 병원에서 일했거든요. 대학 의학부는 해야 할 일이 너무 많아요. 강의 일정을 다 소화해야 돼서 엄청 바빠요.

이시카와 할 일이 많으시군요.

이와타 맞아요. 제가 대학생 때는 잡담만 하는 수업이 학교에서 제일 인기 있었어요. 지금은 강의 일정 때문에 그러면 안 돼요.

만화도 감염병 대책도 이론대로 되지 않는다

이와타 의학 이야기를 살짝 해보자면, 2010년 가을에 화제가 되었던 내성균 대책은 매뉴얼을 따라 하기는 했는데 병원마다 제대로 되질 않았어요. 매뉴얼을 추가해야 할 때는 오랜 경험이나 지혜를 바탕으로 수정을 해야 되니까요.
만화는 어떨지 모르겠는데, 이런 컷 다음에는 이런 컷이 온다든가 하는, 그림 그리는 방법에도 정해진 이론이 있겠지요? 그런데 그렇게 이

론대로 그린 만화가 반드시 인기가 있는 건 아니지 않나요?

이시카와 그죠. 그렇게 하면 다 너무 똑같은 만화가 될 테죠.

이와타 다제내성 아시네토박터 소동이 일어났을 때도 보건복지부나 일본 의료기능 평가기관은 먼저 "매뉴얼이 정비되어 있는가?"라고 물었어요. 하지만 매뉴얼은 어디까지나 ABC 중에 기초인 A단계일 뿐이고 그 정도는 의학생들도 다 아는 내용이에요. 우리처럼 현장에 있는 전문가들은 그 이상의 일을 해야 하는데 말이에요.

신종 인플루엔자 발생 때 오사카와 고베에서는…

이와타 2009년 5월에 고베와 오사카에서 신종 인플루엔자가 발생했는데, 그때 어떤 병원에서 간호사가 신종 인플루엔자에 걸렸어요. 그 병원을 보건복지부에 알렸더니 당황했는지 "병동 전체를 폐쇄하세요"라는 답변이 돌아왔어요.

이시카와 그때 좀 대처가 아쉬웠지요.

이와타 다행히 미노 시의 감염병 전문가가 뚝심을 갖고 거절했어요. 병동을 무조건 폐쇄할 필요는 없다고 말이에요. 폐쇄하면 환자들은 어디로 가야 하는 건가, 그 후의 일에 대한 예상과 대비를 전혀 못한 지시였던 것이죠. 역시 자신이 옳다고 생각하면 공무원이 뭐라 하든, 언론이 뭐라고 떠들든, 신념을 잃지 않고 밀어붙여야 한다고 생각해요. 우리는 전문가니까요.

이시카와 신종 인플루엔자가 발생했을 때 오사카는 보건복지부 지시를 따라 신속하게 학교 문을 닫았는데, 오사카 안에서도 정부에서 지정한 시는 연락 체제가 달라서 조치가 늦고 그랬어요. 조금 차이가 있었죠.

이와타 휴교나 건물 폐쇄도 의미는 있었던 모양이에요. 적어도 초반에는 효과가 있었을지도 몰라요.

이시카와 신종 인플루엔자 사망자 수로 말들이 많았는데, 계절성 인플루엔자로 많은 해에는 2만 명 정도가 사망하니까요.

이와타 맞아요. 사실 인플루엔자는 매년 발생해요. 실제로 고베나 오사카나 2009년 신종 인플루엔자 때문에 크게 공황에 빠지지는 않았어요.

이시카와 마스크가 평소보다 많이 팔렸죠.

기본 규정만 고집하면 새로운 일을 할 수 없다

이와타 《모야시몬》에서는 교수들이 학생을 뒤에서 따뜻하게 지켜만 볼 뿐 방해하지 않아요. 어른들이 간섭하지 않는 것이 얼마나 훌륭한지 몰라요. 어떤 교육자들은 뭘 좀 하려고 하면 바로 말리면서 변명을 해요. 전 규정이 정말 싫어요.

이시카와 저도요.

이와타 규정은 수단이지 목적이 아니에요. 그런데도 어느 대학이든 회사든, 아마 신문사까지도 규정을 목적으로 생각해요. 규정을 지키는 것이 인생의 목적처럼 됐잖아요.

이시카와 과거의 사례도 정말 좋아하죠.

이와타 과거의 사례를 그대로 따르기만 하면 새로운 시도를 못하잖아요. 만화도 그렇겠지만 학문도 정말 그래요. 낡은 사고를 그대로 따라 하면 새로운 건 더 이상 없어요.

이시카와 제 만화 담당 편집자는 사죄문이나 시말서를 자주 쓰는, 새로운 도전을 즐기는 사람이라서 그건 좋았어요.

이와타 제가 생각하는 훌륭한 리더는 전에 근무했던 병원에서 봤어요. "마음대로 해도 돼. 책임은 내가 질게"라고 말해 주는 사람이었어요.

'옳고 그름'이 아니라 '둘 다'

이와타 《모야시몬》에서는 "식량 자급률을 올려야 한다", "농약을 쓰면 안 된다" 등과 같은 틀에 박힌 생각과는 조금 다른 부분을 항상 잘 그리시잖아요.

예를 들면 '지역 특산 맥주' 이야기가 좋았어요. 무토 아오라는 등장인물이 맥주를 좋아해서 이런저런 생각을 하다가 "일본의 지역 맥주는 글렀어"라고 결론을 내리는 부분부터 이야기가 시작하죠. 맛있는 지역 맥주를 직접 마셔 보고서 "반성했습니다. 죄송합니다" 하고 사과하는 쪽으로 평범하게 이야기를 만들지 않고 결국에는 직접 맥주 축제를 여는 과정을 그리죠.

이시카와 제 만화에 나오는 인물들은 '스스로 알아보고 행동하는 사람'으로 그리고 싶었어요.

이와타 "스스로 생각하라"는 말을 만화 속에서 항상 말씀하시죠. 의사들에게도 똑같이 말하고 싶어요. 남들과 똑같이 행동하거나 보건복지부에서 시키는 대로만 하고, 스스로 생각하지 않는 사람들이 많거든요.

제가 또 좋다고 느낀 부분은 대기업 맥주 회사를 헐뜯고 지역 맥주를 떠받드는 것이 아니라, 둘 다 좋다고 하는 점이에요. 우리 의사들도 보통 의견이 많이 갈리거든요. 외과는 훌륭한데 내과가 형편없다거나, 또는 그 반대거나. 의사도 부족한데 왜 서로 물고 할퀴고 방해를 할까 싶어요. 서로 도우면 좋을 텐데 말이에요.

이시카와 출판시장도 마찬가지예요. 최근엔 단행본 시장이 커진 만큼 잡지도 참 다양하게 많아졌어요. 이건 출판시장이 힘들어지는 게 아니라, 독자의 선택 폭이 넓어지는 거죠.

이와타 그렇죠. '맞고, 틀리고'로 나누는 게 아니라 '둘 다' 선택할 수 있는 거예요. "선택할 수 있는 게 낫지"라고 항상 작품에서 말씀하시는데, 저도 그렇게 생각해요.

—— **아직 할 이야기는 많지만, 나머지는 다음 기회에! 오늘 정말 즐거웠습니다.**